强激光条件下高次谐波产生的超快动力学研究

张彩萍　著

中国原子能出版社

图书在版编目（CIP）数据

强激光条件下高次谐波产生的超快动力学研究 / 张
彩萍著. -- 北京：中国原子能出版社，2024. 10.
ISBN 978-7-5221-3714-8

Ⅰ. O455

中国国家版本馆 CIP 数据核字第 20244Q1G68 号

强激光条件下高次谐波产生的超快动力学研究

出版发行	中国原子能出版社（北京市海淀区阜成路 43 号　100048）	
责任编辑	陈　喆	
责任印制	赵　明	
印　　刷	北京天恒嘉业印刷有限公司	
经　　销	全国新华书店	
开　　本	787 mm×1092 mm　1/16	
印　　张	10.875	
字　　数	154 千字	
版　　次	2024 年 10 月第 1 版　2024 年 10 月第 1 次印刷	
书　　号	ISBN 978-7-5221-3714-8	**定　价　66.00 元**

发行电话：010-88828678

作者简介

张彩萍，女，汉族，1988年8月出生。2018年毕业于山西师范大学，博士研究生。现就职于山西师范大学物理与信息工程学院，副教授，原子与分子物理学方向硕士生导师，主要从事强激光与物质相互作用过程中超快电子动力学的理论研究工作。主持国家自然科学基金青年项目、国家自然科学基金理论物理专项、山西省高等学校科技创新项目、山西师范大学自然科学基金项目、山西省研究生教育改革项目、山西省高等学校教学改革创新项目共计6项。先后在 *Physical Review A*、*Optics Express*、*Laser Physics Letters*、*Chinese Physics Letters*、*Chinese Physics B* 等期刊发表学术论文20余篇。

前　言

激光技术的快速发展，为增强光与物质的相互作用提供了强有力的技术保障。当飞秒激光与原子、分子等相互作用时，会产生一系列有趣的现象，如阈上电离、多光子电离、高次谐波产生、库仑爆炸、分子解离等。在这些非线性现象中，高次谐波具有超高时空分辨率，可以突破飞（f，10^{-15}）秒极限合成阿（a，10^{-18}）秒脉冲，使得阿秒量级超快电子运动的探测和操控成为可能，极大地推动了阿秒科学的发展。高次谐波作为合成阿秒脉冲的首选光源，其产生机制、物理图像以及潜在应用价值，受到国内外研究人员的广泛关注，是强场物理领域的前沿热点课题。

深入了解高次谐波产生的超快动力学过程，是准确建立高次谐波产生物理图像的基础，是合成阿秒脉冲的重要环节之一。作者结合前期研究，经过大量文献调研，根据强激光场领域的基本知识、高次谐波产生的数值模拟方法，以及原子、对称分子、非对称分子、固体高次谐波产生过程中的超快动力学过程，撰写了本书。

全书包含6章：第1章主要介绍了高次谐波产生、研究进展及其相关应用；第2章介绍了高次谐波产生的数值计算方法；第3章介绍了均匀场及非均匀场中，原子体系高次谐波产生过程中多次回碰的电子动力学机制、操控方案；第4章介绍了分子体系高次谐波产生过程中电子动力学、核动力学、电子-核关联动力学、激发态动力学；第 5 章介绍了非对称分子体系高次谐波产生过程中的多通道分辨、通道操控，以及激发态动力学；第 6 章介绍了固体高次谐波产生的理论模型，以及周期势高次谐波产生的动力学机制。本书的数值结果均基于求解含时薛定谔方程的方法，针对不同的体系总结高次谐波产生的特点和规律，建立高次谐波产生过程的物理图像。

本书得到了国家自然科学基金（编号：12204291）、山西省高等学校教学改革创新项目（编号：J20230596）的支持。

由于作者水平有限，书中难免存在遗漏或不当之处，敬请专家、学者批评指正。

张彩萍

2024 年 7 月于山西师范大学

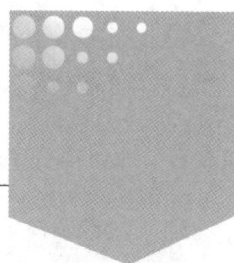

目　录

第1章 绪 论

1.1 强激光与物质的相互作用

1960 年，第一台红宝石激光器的诞生为微观世界动力学过程的探测带来了新的希望。研究人员经过不懈努力，不断实现激光脉宽从纳秒量级到皮秒量级的压缩。1981 年，R.L.Fork 等人取得了突破性进展，成功获得了脉宽为 90 fs 的激光脉冲，这一成果标志着飞秒科学时代的正式开启。这也为 A.H.Zeweil 利用超快飞秒激光观测化学反应过程中化学键的断裂，以及新产物的形成提供了保障。A.H.Zeweil 因此获得了 1999 年的诺贝尔奖。从图 1-1 可以看出，进入 20 世纪 90 年代后，激光脉宽已经小于 5 fs。然而，对于进一步探测原子、分子内部的超快电子运动而言，飞秒时间分辨率已经无法满足需要。值得庆幸的是，在脉宽不断压缩的过程中，研究人员实现了激光功率密度的持续提升。1985 年，D.Strickland 和 G.Mourou 利用啁啾脉冲放大技术（Chirped Pulse Aplification，CPA）突破太瓦量级，将激光功率密度进一步提升至拍瓦量级。自 1990 年以来，随着新型激光材料以及克尔透镜锁模（Kerr Lens Model Locking，KLML）技术的问世，小型台式系统的激光功率密度已高达 10^{22} W/cm^2，这一突破将极大推动激光与物质相互作用领域的研究发展。

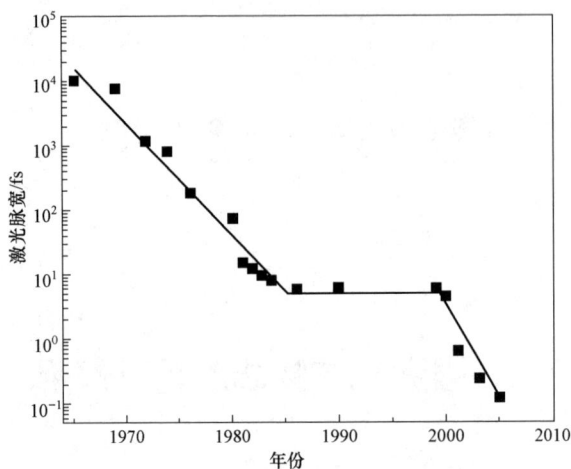

图 1-1　不同年代脉冲宽度的变化

当激光强度达到或超过原子分子内部库仑场时，微扰理论将不再适用，随之而来会出现一系列非微扰现象。图 1-2 展示了常见的电离类型。

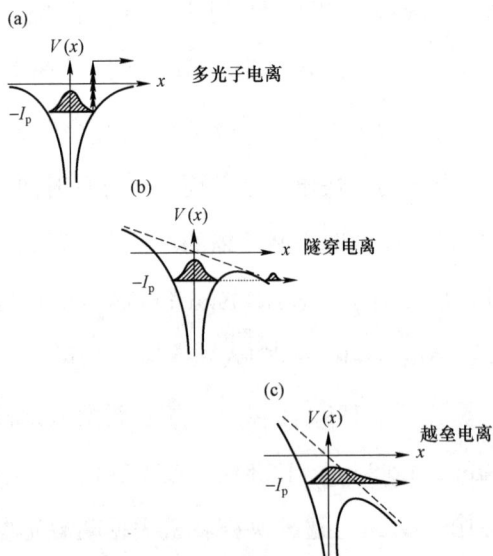

图 1-2　强激光场中电离类型

（a）多光子电离；（b）隧穿电离；（c）越垒电离

如图 1-2（a）所示，当强度相对较弱（小于 10^{14} W/cm^2）的激光脉冲与原子相互作用时，激光对原子库仑势影响较小，势阱中的电子需要吸收多个光子，才能摆脱原子核的束缚，进而实现到连续态的跃迁。这一过程被称为多光子电离（Multiphoton Ionization，MPI）。随着激光强度的增大（10^{14}～10^{15} W/cm^2），瞬时激光可以使原子库仑势发生变形。如图 1-2（b）所示，在激光电场的作用下，库仑势一侧被抬高，另一侧被压低，形成具有一定宽度的势垒。此时，电子可以直接穿透势垒，从而逃离核的束缚。该过程称为隧穿电离（Tunnel ionization，TI）。当激光强度持续增加（大于 10^{15} W/cm^2）时，如图 1-2（c）所示，激光缀饰效应显著增强，库仑势的形变更加明显，势垒最高点低于电离能 Ip。在此条件下，电子可以直接越过势垒发生电离。该过程称为越垒电离（Over The Barrier Ionization，OTBI）。

在外加激光的作用下，当电子在 t_0 时刻瞬间从束缚态电离，并在 t_r 时刻反向运动后产生不同的现象如图 1-3 所示：与母核发生弹性后向散射过程、非顺序双电离过程、束缚态电子的激发、阈上电离过程、与基态复合产生具有 $\hbar\Omega$ 能量的光子，即高次谐波。

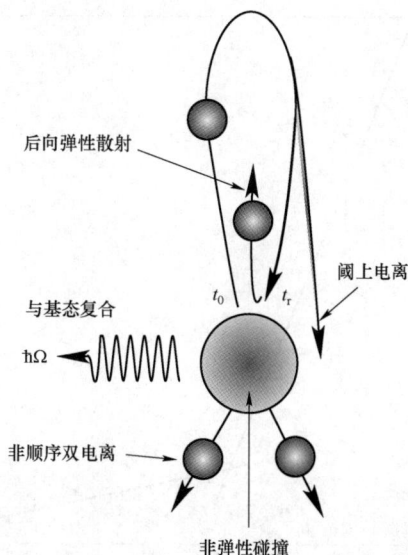

图 1-3 电子在 t_0 时刻发生电离并在 t_r 时刻与母核发生碰撞

1.2　高次谐波的产生

强激光（功率密度在 10^{13} W/cm^2 到 10^{15} W/cm^2 之间）与原子或分子相互作用时，所产生的辐射波频率为入射波频率的整数倍，而且释放光子的能量远大于原子或分子的电离能，该辐射波称为高次谐波。高次谐波的产生（High-order Harmonic Generation，HHG）可以突破飞秒极限获得阿秒脉冲，使得超快电子运动的探测成为可能，从而为阿秒科学的发展奠定了坚实的基础。

1987 年，B.W.Shore 和 P.L.Knight 理论预测了高次谐波的产生，同年，A.McPherson 等人通过实验验证了这一预测。如图 1-4 所示，可以观察到谐波效率在 11 阶前迅速下降，随后下降趋势变得缓慢。在后续大量的研究中也观察到了类似的结果。图 1-5 展示了典型的高次谐波谱图，其特征如下：低阶部分——即下降区域，对应微扰非线性区域；随后出现一个"平台区"，该区域内谐波效率基本保持不变；最后在某一特定阶次，谐波效率再次下降，即截止区域。

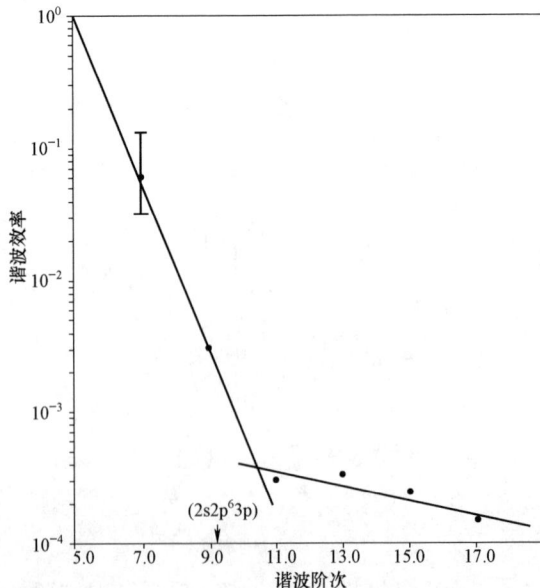

图 1-4　McPherson 等人首次观测到的谐波谱

4

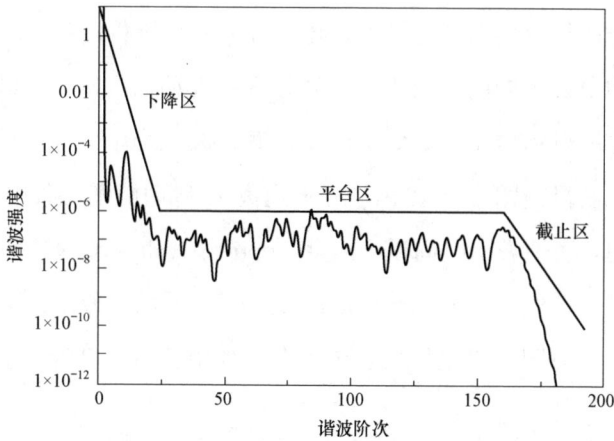

图 1-5 典型高次谐波谱

由于激光强度较大，"平台区"的出现已无法用经典微扰理论去解释，而且辐射出的光子能量也远大于体系的电离能。1993 年，P.B.Corkum 和 K.C.Kulander 等人为了解释这一现象，提出了"三步模型"（如图 1-6 所示）。

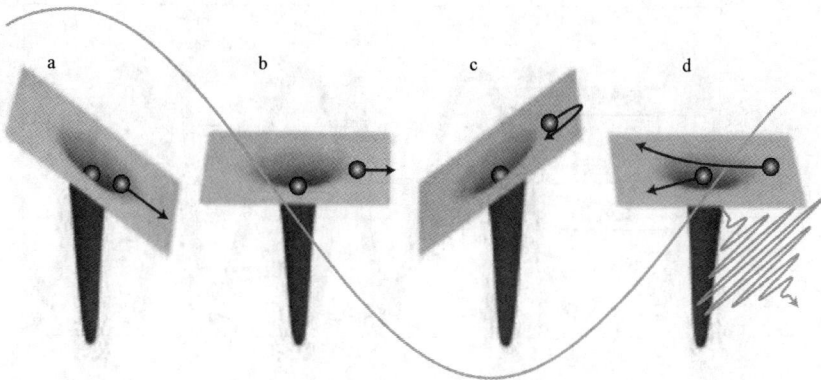

图 1-6 "三步模型"示意图

以强激光与原子的相互作用为模型，当激光强度为零时，原子库仑势两侧高低相等，电子束缚在势阱内。在激光强度峰值附近，势阱受到激光的作用，一侧被压低，此时电子可以摆脱原子核的束缚到达连续态，成为准自由电子，该过程称为电离过程；准自由电子在连续态继续受激光场的作用，发生振荡并获得能量，该过程称为加速过程；激光反向后，电子向原子核运动，并与母核复合，释放出高能光子，该过程称为复合过程。

在多周期激光脉冲的作用下，上述过程会周期性重复，谐波谱上会呈现分立的峰。将准自由电子看成经典粒子，其在激光场中的运动就可以通过求解牛顿方程来获得。图 1-7 给出了经典电离-回碰动能图，其中（a）图是激光电场示意图。横轴表示时间以光周期（optical cycle，o.c.）为单位，纵轴为电场振幅以原子单位（atomic unit，a.u.）为单位，采用 800 nm，5×10^{14} W/cm^2 的激光脉冲。（b）图中纵坐标代表电子在外场中获得的动能，以有质动力能 U_p 为单位。

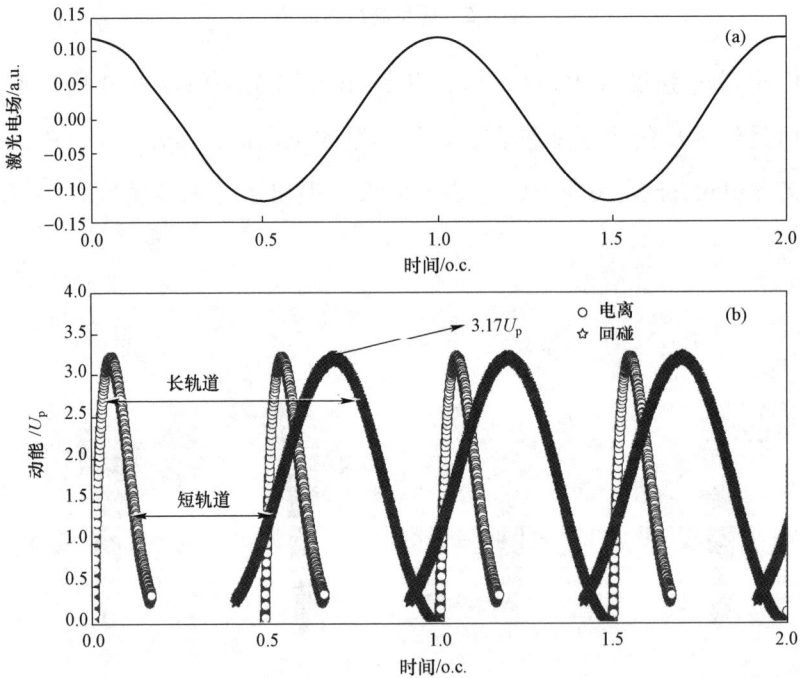

图 1-7　（a）激光电场示意图（激光的中心波长为 800 nm，强度为 5×10^{14} W/cm^2）；
（b）经典电离-回碰动能图

从图中可以看出，对于特定的能量都会有两个路径同时贡献，即长轨道（long trajectory）和短轨道（short trajectory），而且在激光的作用下释放光子的截止能量满足：

$$\hbar\omega = I_p + 3.17 U_p \tag{1-1}$$

其中 I_p 为电离能而且 U_p 满足：

$$U_p = \frac{E_0^2}{4\omega^2} \qquad (1-2)$$

E_0 与 ω 分别代表入射激光的电场峰值振幅和频率。

虽然"三步模型"可以有效解释高次谐波的产生，但本质上高次谐波的产生仍然是一个量子效应。为了能够全面准确地理解高次谐波产生的动力学过程，科研工作者发展了很多量子模型比如 Lewenstein 量子模型、直接数值积分法、R 矩阵理论、非微扰量子动力学理论等。这些模型有助于人们把握高次谐波产生的总体规律，深入认识高次谐波产生的动力学机制。

在气体高次谐波的研究早期，主要通过不同的方案实现孤立阿秒脉冲的合成，如少周期泵浦激光方案、双色场方案、偏振门方案等。随后，研究范围不断扩展，不仅从原子谐波深入到分子谐波，从一维研究扩展到了二维甚至是三维的研究，同时从单电子体系拓展到了双电子甚至多电子体系。通过对相关动力学过程的深入探究，取得了丰硕的研究成果。

加拿大 A.D.Bandrauk 小组提出"四步模型"，解释了具有长寿命激发态的 HeH^{2+} 谐波发射的动力学过程，揭示了 HeH^{2+} 谐波谱共振位置对相位的依赖性以及谐波红移现象的产生机理。基于电子和核运动的关联性，理论上探测到 σ_u1s 和 σ_g2p 的电子振荡周期为 400 阿秒，而且通过调节不同电子态之间的布居数，实现了对谐波干涉类型的控制。利用正交场研究了分子圆偏振谐波的产生，对于分子体系（如 H_2^+、HeH^{2+}）只有在特定的核间距条件下才能在二维正交场中辐射谐波，进而通过调节激光参数产生圆偏振谐波。该研究小组选取环形分子（Hq^{n+}，比如 H_3^{2+}、H_3^+、H_4^{3+} 等）进一步研究了在二维倍频场（形成利萨如图像），谐波相位以及谐波强度对分子对称性的依赖性。丹麦 L.B.Madsen 小组指出对于双电子分子体系，当核间距大于 8 a.u.时，如果两电子沿着相同的路径与母核复合并释放一个谐波光子，光子的最大能量为 $I_{p1} + I_{p2} + 6.34 U_p$（$I_{p1}$ 和 I_{p2} 分别为两电子的电离能）。该过程可以看成是单光子双电离的逆过程。此外，基于"库仑修正下的三步模型"在不同核间距条件下，分子体系的非顺序双回碰现象进行了合理解释。德国 M.Lein 小组在固定核近似条件下，以 H_2^+ 为模型，发现谐波谱上会出现双中心干涉极小值。该极小值与激光参数无关，只与分子结构有关，因此可以用来探测分子结构。此外，发现谐波效率与核运动密切相关。

华中科技大学陆培祥小组发现 N 阶旋转对称性的分子体系在圆偏振激光的作用下，谐波效率要远大于参考原子的谐波效率。定量研究了中红外激光脉冲作用下的多次回碰现象，指出在长波长条件下，高阶回碰过程对谐波的贡献可以忽略。在线偏振激光场中，发现 CO 高次谐波的椭偏率与分子的取向角和倾向角密切相关。利用交叉双色场实现了较大椭偏率谐波的产生，而且当二倍频场强大于基频场时，偶次谐波的效率高于奇次谐波。陕西师范大学陈彦军小组对二维激光场条件下，非对称分子谐波的产生进行了详细讨论，如图 1-8 所示，利用 HeH^{2+} 基态和激发态高次谐波发射时间的不同，基态谐波与激发态谐波分别对应于 7.95 o.c. 和 8.45 o.c.，实现了对激发态动力学的探测。发现永久偶极矩对极性分子核动力学影响显著，利用奇偶谐波的椭偏率探测核动力学。利用 H_2^+ 在较小椭偏率的椭圆偏振激光场中产生椭偏率较大的高次谐波。吉林大学刘学深小组指出在 H_2^+ 谐波发射的空间分布中，电离电子与两个核均可复合，但在原点位置以及平衡位置附近复合概率很小。在椭圆偏振激光场中，He^+ 谐波谱中两个共振峰的椭偏率与入射激光的椭偏率近似相等。利用 Ne 的环流态在正交双色激光场中产生了近圆偏振的高次谐波。在双色正交场中发现，双中心干涉影响谐波的椭圆率，因此，可以利用谐波的椭偏率探测极小值的位置，进而实现对分子结构的探测。

在气体高次谐波产生的研究中，外壳层电子对高次谐波辐射的影响已被深入认识。然而，当多个轨道同时参与高次谐波辐射或电子之间的关联效应影响谐波辐射时，内壳层电子对高次谐波产生的影响需要进一步评估。Z.Su 等人发现在 CO_2 高次谐波谱上的低能区域会出现极小值结构，通过分析不同轨道对谐波的贡献，发现该极小值结构可以作为揭示内壳层轨道贡献高次谐波产生的有利证据。T.T.Fu 等人指出当激光偏振方向垂直于 N_2O 时，高次谐

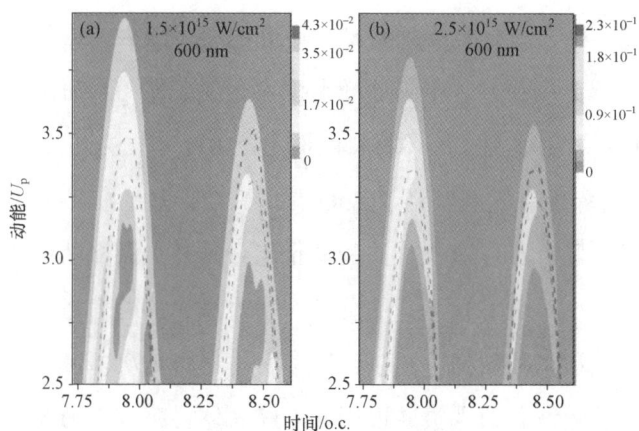

图 1-8 不同激光条件下，HeH²⁺高次谐波对应的时频分析图

波谱平台区域会出现极小值，该极小值主要归因于 HOMO a、HOMO-1 与 HOMO-3 a 轨道对应谐波的相互干涉。J.Long 等人基于泵浦探测方案探究了线性分子阈下谐波及近阈值谐波效率的变化，通过分析发现谐波效率的调制主要归因于内壳层轨道对高次谐波辐射的贡献。

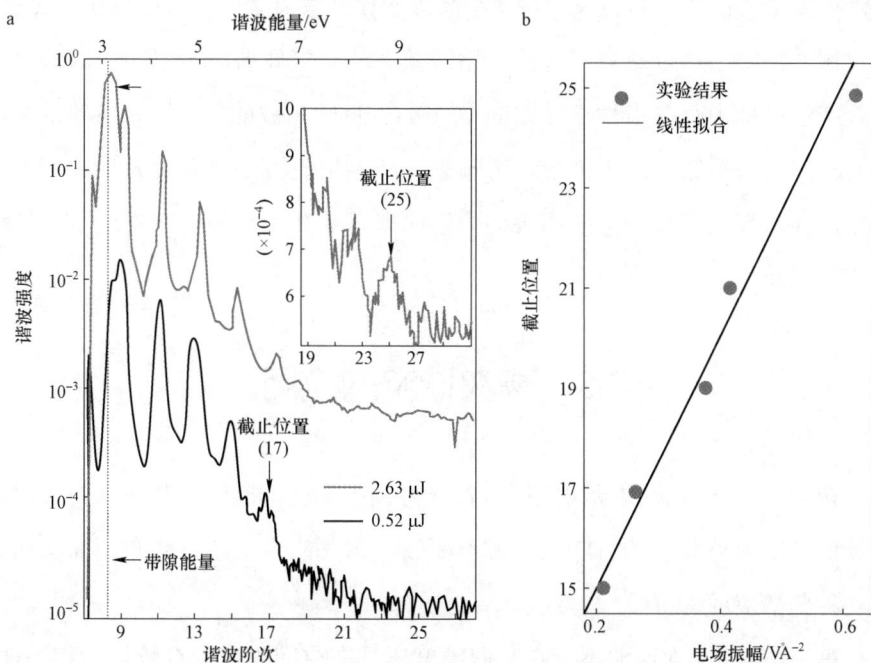

图 1-9 （a）ZnO 晶体高次谐波谱；（b）截止能量与电场振幅呈线性依赖关系

9

综上所述，随着气体高次谐波产生研究的逐步深入，人们对其中包含的动力学过程理解更加深刻。中红外激光技术逐步成熟，科研工作者将激光与气体的相互作用，拓展到与固体材料的作用。2011年，S.Ghimire等人利用中红外激光，在实验上首次观察到了ZnO晶体高次谐波的产生，如图1-9（a）所示。实验结果显示，ZnO高次谐波的截止能量与外加激光的电场振幅呈线性依赖关系，如图1-9（b）所示。而且其产率对激光的椭偏率不敏感。这些实验现象与气体高次谐波截然不同，预示着固体材料高次谐波产生包含着更为复杂的动力学过程。科研人员通过探究不同固体材料高次谐波的产生，总结各材料高次谐波的特点和规律，揭示其潜在的动力学机制。研究初期考虑到Γ点带隙最小，隧穿概率最大。基于Γ点电子对谐波辐射的贡献，通过双色场方案、少周期方案、啁啾场方案等有效实现了固体高次谐波第二平台区域效率的提升。事实上，在高次谐波辐射过程中，具有不同晶格动量的电子均贡献高次谐波辐射。Γ点附近电子主要贡献谐波第一平台区域，远离Γ点的电子则可以贡献谐波的高平台区域。与理想晶体相比，掺杂晶体能带结构更加复杂，通过调节掺杂率可以有效提升高次谐波效率。与气体谐波类似，在固体高次谐波产生过程中存在多种干涉效应，如带内-带间谐波的干涉，晶格动量通道间的干涉，长短路径的干涉等。近年来，随着理论方法以及实验手段的不断发展，固体高次谐波产生的相关动力学研究日益深入，极大地推动了阿秒科学的发展。

1.3　高次谐波的应用

1987年，气体高次谐波的产生首次得到了实验的验证，其潜在的应用价值吸引了国内外众多的科学工作者不断投入相关研究中，下面介绍高次谐波的几种典型应用。

第一，气体高次谐波不管在时间维度还是在空间维度都有较好的相干性，可以得到相干的XUV和软X射线。此外，气体高次谐波还可以应用在相干

X 射线衍射成像技术中。

第二，气体高次谐波是由电离电子与母核复合时产生。因而，母核的微观信息可以编码在高次谐波谱中。在不同激光参数及介质条件下，对辐射谐波的变化进行分析，可以得到相应体系的结构信息和动力学信息。2004 年，J.Itatian 等人首次将谐波辐射过程类比于层析成像，实现了 N_2 最高占据轨道波函数的三维成像，如图 1-10 所示。通过对该方法的进一步完善，C.Vozzi 等人不仅考虑了高次谐波的幅度信息，还考虑到了相位的信息，最终实现更为精准的轨道成像。此外，利用高次谐波成像的方法还以探测分子的振动、转动、多电子轨道，甚至是电子间的关联效应。

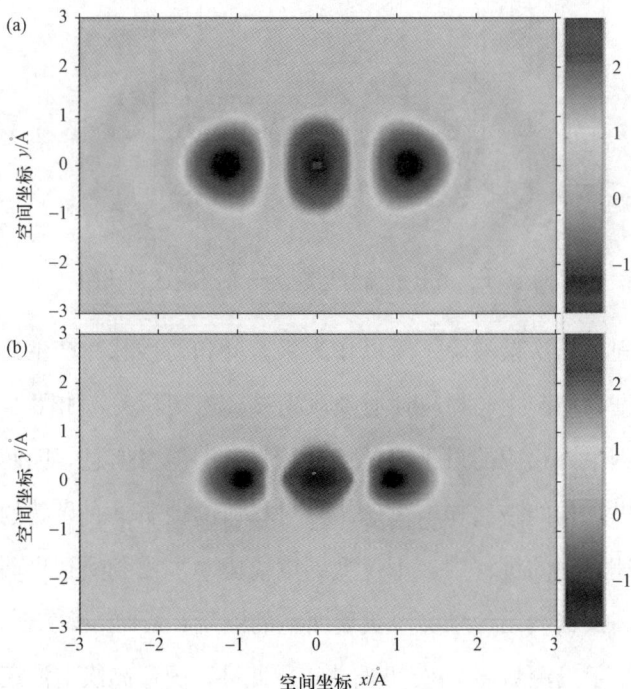

图 1-10 N_2 分子轨道波函数
（a）基于高次谐波成像；（b）重头算法计算结果

第三，气体高次谐波可突破飞秒时间分辨的极限，合成阿秒脉冲，实现对超快电子运动的探测和操控。推动以电子运动为基础的研究课题的进一步发展：如化学反应机理的理解、化学反应的操控、生物分子电荷转移的研究、高温氧化物超导现象的解释等。

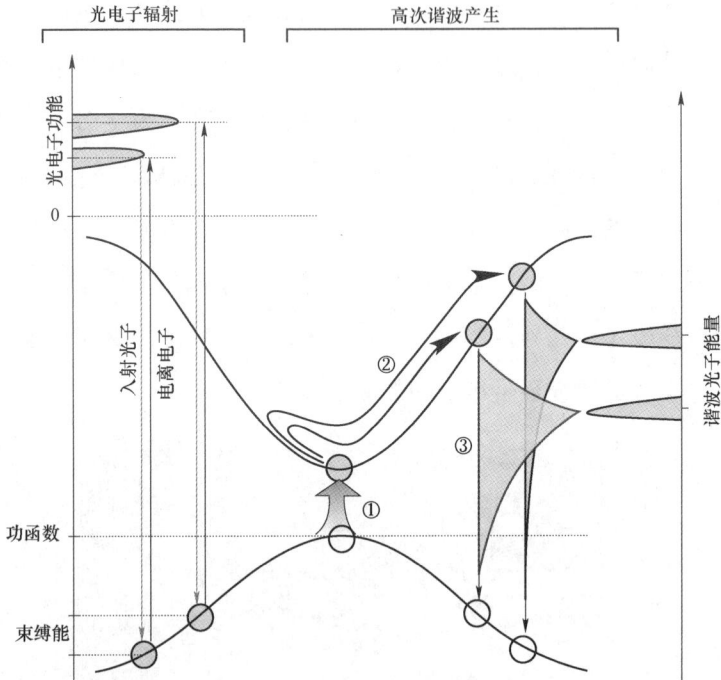

图 1-11　光电子辐射与高次谐波产生的对比图

第四，固体高次谐波除了可以作为极紫外和阿秒脉冲产生的手段外，由于固体高次谐波的产生与材料性质及激光参数密切相关，如图 1-11 所示，在电子加速过程中，相应的量子轨道携带了材料的能带信息。因此，利用固体高次谐波可以重构能带结构。贝瑞相位对材料的性质具有显著的影响，电子在带内做加速运动的过程中，不仅受到电场驱动，还会受到贝瑞相位附加的影响。利用高次谐波还可以实现贝瑞曲率的测量。T.T.Luu 等基于高次谐波，实现了全光学手段测量 a–石英贝瑞曲率。此外，固体高次谐波还可以用来探测晶体材料的对称性、拓扑材料的电子动力学等。

第2章 高次谐波产生的数值计算方法

在有关高次谐波产生的研究过程中经常会用到一些近似方法，如双电子氦原子（He）体系其内层电子稳定较难电离，通常采用单电子近似方法，即将内层电子与原子核的相互作用看成一个有效势，主要研究外层电子在强激光作用下的动力学过程。此外，若将激光矢势看成平面波的叠加，矢势可以写成：

$$\vec{A}(\vec{r},t) = \int_{\Delta\omega} A_0(\omega)\vec{\varepsilon}(e^{i\vec{k}\cdot\vec{r}}e^{-i\omega t} + e^{-i\vec{k}\cdot\vec{r}}e^{i\omega t})d\omega \tag{2-1}$$

由于电子的空间尺度很小（大约几埃），激光波长相对较大（几百纳米甚至几千纳米），使得 $\vec{k}\cdot\vec{r} \ll 1$，这样对于 $e^{i\vec{k}\cdot\vec{r}} = 1+(i\vec{k}\cdot\vec{r})+\dfrac{1}{2!}(i\vec{k}\cdot\vec{r})^2+\cdots$ 则以第一项的贡献为主，其他项可忽略不计，即偶极近似。在偶极近似条件下，激光矢势只是时间的函数，可有效简化强场中含时薛定谔方程的建立。这一章主要介绍在单电子近似和偶极近似的条件下强场中原子、分子，以及固体体系高次谐波产生的数值模拟方法。如不作特别说明，均取原子单位（atomic units，a.u.）。

2.1 原子体系高次谐波产生的数值计算方法

当线性激光与原子体系相互作用时，含时薛定谔方程可以表示为：

$$i\frac{\partial}{\partial t}\psi(z,t) = H\psi(z,t) \tag{2-2}$$

$$H = -\frac{1}{2}\frac{\partial^2}{\partial z^2} + V_C(z) + zE(t) \tag{2-3}$$

（2-3）式中的三项依次为电子动能、软核库仑势、激光与原子体系的相互作用势，z 为电子的坐标，其中原子体系的库仑势的表达式为：

$$V_C(z) = -\frac{b_0}{\sqrt{a_0 + z^2}} \tag{2-4}$$

a_0、b_0 为软化参数，对于不同的体系而言软化参数不同。通过调节软化参数使得理论上模拟的电离能与体系真实的电离能相同。

在求解（2-2）式时，首先要知道激光作用之前的波函数 $\psi(z,0)$，主要有两种方法：一种是虚时演化法，另一种是对角化离散变量表象（discrete variable representation，DVR）中构建好的矩阵。继而通过二阶劈裂算符的方法得到任意时刻的波函数：

$$\psi(z,t+\delta t) = e^{-iT\delta t/2}e^{-iV\delta t}e^{-iT\delta t/2}\psi(z,t) + O(\delta t^3) \tag{2-5}$$

根据 Ehrenfest 定理可求得相应的偶极加速度：

$$a(t) = \frac{d^2}{dt^2}\langle\psi(t)|z|\psi(t)\rangle = \langle\psi(t)|-\frac{\partial V_C}{\partial z} + E(t)|\psi(t)\rangle \tag{2-6}$$

在理论研究中，对 $a(t)$ 进行傅里叶变换取其模方可得到高次谐波谱：

$$P_A(\omega) = \left|\frac{1}{\sqrt{2\pi}}\int a(t)e^{-i\omega t}dt\right|^2 \tag{2-7}$$

通过傅里叶变换将强激光场中原子体系在时间维度的信息转化成了整个频率维度（或能量维度）的信息。要进一步探究谐波产生过程的动力学信息，掌握在某一时刻，体系在激光的作用下，辐射谐波光子的频率，或者说某一频率的谐波光子都在哪些时刻发射，需要将某一频率上的信息在时域上展开。此时，傅里叶变换已经不能满足研究的需求。

为了达到在研究过程中可以同时得到谐波光子频率与时间信息的目标，研究初期人们主要利用伽柏变换（Gabor Transform），即在携带时间信息的偶

极加速度 $a(t)$ 的基础上乘以一个高斯窗函数 $\omega(t-t_c)$ 再进行傅里叶变换，其中 t_c 为窗函数的中心：

$$F(\omega,t_c) = \frac{1}{\sqrt{2\pi}\sigma} \int_{-\infty}^{+\infty} a(t) \exp[-i\omega(t-t_c)] \exp\left[-\frac{(t-t_c)^2}{2\sigma^2}\right] dt \qquad (2\text{-}8)$$

Gabor 变换可以实现时间-频率的局域化，不仅可以提供信号整体的信息还可以提供任何局域时间内信号变化的频率信息。Gabor 变换的窗函数始终保持一致，更适用于稳定信号的时频分析。然而，在实际的科学研究中大部分信号不稳定，例如高次谐波的发射过程，激光强度随时间不断改变，体系在强激光场中的运动也是不断变化的。在实际处理过程中，需要窗函数随频率而改变。基于频率与周期的反比关系，越是频率高的部分越应用更窄的时间窗函数。

在 Gabor 变换局域化的思想基础上，小波（Wavelet）变换给出了在时间和频率上可自动调节的窗函数，有利于突变信号的分析：

$$F_\omega(t) = \int a(t')\sqrt{\omega}\, W[\omega(t'-t)]dt' \qquad (2\text{-}9)$$

$$W(x) = \frac{1}{\sqrt{\tau}} e^{ix} \exp\frac{-x^2}{2\tau^2} \qquad (2\text{-}10)$$

其中输入信号 $a(t')$ 代表偶极加速度。利用小波变换，可以更加清晰地呈现高次谐波产生过程中不同时间的频谱信息。

2.2　分子体系高次谐波产生的数值计算方法

2.2.1　单电子态模型下强激光与分子体系的相互作用

由于高次谐波的发射过程主要关注电子在激光场中的运动，一个完整的谐波发射过程大约经历半个光周期的时间。例如，对于 800 nm 激光而言，谐波发射周期远小于核振动周期，因而研究人员初期主要在玻恩-奥本海默（Born-Oppenheimer）近似（忽略核的运动）条件下，讨论谐波发射的动力学过程。

基于玻恩-奥本海默近似，当激光沿分子轴向时，在单电子态模型中双原子分子体系的一维含时薛定谔方程可以表示为：

$$i\frac{\partial}{\partial t}\psi(z,t) = H\psi(z,t) \tag{2-11}$$

$$H = T_e(z) + V_c(R,z) + V(t) \tag{2-12}$$

$$T_e(z) = -\frac{1}{2\mu_e}\frac{\partial^2}{\partial z^2} \tag{2-13}$$

$$\mu_e = \frac{M_1 + M_2}{M_1 + M_2 + 1} \tag{2-14}$$

μ_e 为电子的约化质量。对比（2-12）式与（2-3）式可以看到，对于固定核间距（R）的情况，激光与分子体系的相互作用类似于激光与原子体系的相互作用，不同的地方主要体现在哈密顿量的势能部分，双原子分子体系的库仑势为：

$$V_C(R,z) = \frac{q_1 q_2}{\sqrt{R^2 + a_1}} - \frac{q_1}{\sqrt{(z-z_1)^2 + b_1}} - \frac{q_2}{\sqrt{(z-z_2)^2 + b_1}} \tag{2-15}$$

$$V(t) = \left[\frac{q_1 M_2 - q_2 M_1}{M_1 + M_2}R + \left(1 + \frac{q_1 + q_2 - 1}{M_1 + M_2 + 1}\right)z\right] \times E(t) \tag{2-16}$$

其中 q_i（$i=1,2$）与 M_i（$i=1,2$）为第 i 个核所携带的电荷量和质量，a_1、b_1 为软化参数。z_1 和 z_2 分别代表两个核的位置且满足：

$$z_1 = -\frac{M_2 R}{M_1 + M_2} \quad, \quad z_2 = \frac{M_1 R}{M_1 + M_2} \tag{2-17}$$

对于玻恩-奥本海默近似条件下，单电子态模型中分子体系含时薛定谔方程的求解过程与原子体系的解法类似，需要先求得初始波函数，再利用（2-5）式获得任意时刻的波函数。

随着研究的不断深入，研究人员发现对于激光场中真实分子运动而言，尤其是小分子体系如 H_2^+ 其核质量小。在激光的作用下，核间距逐渐变大导致体系电离势改变，从而对强场中的非线性过程，比如电离过程产生影响。众所周知，电离是高次谐波产生过程中的重要环节，直接影响高次谐波效率。为了准确描述强场中分子体系谐波产生的动力学过程，在进行数值模拟的过程中需要评估核运动对谐波辐射的影响。

在非玻恩-奥本海默近似条件下，同时考虑电子和核的运动及电子-核的关联效应，分子体系含时薛定谔方程可以写成：

$$i\frac{\partial \psi(R,z;t)}{\partial t} = H(R,z;t)\psi(R,z;t) \tag{2-18}$$

$$H(R,z;t) = T_N + T_e + V_C(R,z) + V(t) \tag{2-19}$$

$$T_N = -\frac{1}{2\mu_N}\frac{\partial^2}{\partial R^2} \tag{2-20}$$

$$\mu_N = \frac{M_1 M_2}{M_1 + M_2} \tag{2-21}$$

其中，公式（2-20）和公式（2-21）是核动能和核约化质量，电子动能见公式（2-13）。

考虑体系核运动的影响，在利用对角化矩阵获得初始波函数时，需同时考虑电子与核的波函数。初始波函数随时间演化时，可将核的运动与电子的运动分开传播从而节约计算时间。

2.2.2 多电子态模型下强激光与分子体系的相互作用

在上一节中主要介绍了单电子态模型下，在强激光场中分子体系含时薛定谔方程的建立及求解，本节在单电子态量子模型的基础上发展考虑电子-核关联作用的多电子态量子模型，同时考虑基态与激发态对谐波发射的影响。该方法主要基于泵浦-探测技术的思想，通过泵浦光的作用实现分子体系在多个电子态的分布，然后在探测光的作用下使处于叠加态的分子体系产生高次谐波。首先通过求解玻恩-奥本海默近似条件下，多态分子体系的含时薛定谔方程获得各态核波函数：

$$i\frac{\partial \psi(R,t)}{\partial t} = [T(R) + V(R,t)]\psi(R,t) \tag{2-22}$$

动能项的矩阵表示为：

$$T(R) = \begin{pmatrix} -\dfrac{1}{2\mu}\dfrac{\partial^2}{\partial R^2} & 0 & . & . & . & 0 \\ 0 & -\dfrac{1}{2\mu}\dfrac{\partial^2}{\partial R^2} & . & . & . & 0 \\ . & . & . & & & . \\ . & . & & . & & . \\ . & . & & & . & . \\ 0 & 0 & . & . & . & -\dfrac{1}{2\mu}\dfrac{\partial^2}{\partial R^2} \end{pmatrix} \qquad (2\text{-}23)$$

势能项的矩阵表示为：

$$V(R,t) = \begin{pmatrix} V_{11} & V_{12} & . & . & . & V_{1n} \\ V_{21} & V_{22} & & . & . & V_{2n} \\ & & . & . & . & . \\ & & . & . & . & . \\ & & . & . & . & V_{(n-1)n} \\ V_{1(n-1)} & . & . & . & V_{n(n-1)} & V_{nn} \end{pmatrix} \qquad (2\text{-}24)$$

其中，对角元上 V_{ii} 表示第 i 个电子态的势能，而在非对角元上 V_{ij} 的表达式为：

$$V_{ij(i \neq j)} = \mu_{ij} E_{pump}(t) \qquad (2\text{-}25)$$

μ_{ij} 为第 i 个电子态与第 j 个电子态的跃迁偶极矩。因此，泵浦过程的含时薛定谔方程矩阵表示形式为：

$$i\frac{\partial}{\partial t}\begin{pmatrix} \psi_1 \\ \psi_2 \\ . \\ . \\ . \\ \psi_n \end{pmatrix} = \begin{pmatrix} -\dfrac{1}{2\mu}\dfrac{\partial^2}{\partial R^2}+V_{11} & . & . & . & . & V_{1n} \\ . & & & & & . \\ . & & & & & V_{(n-1)n} \\ . & & . & . & & . \\ V_{1n} & & . & . & -\dfrac{1}{2\mu}\dfrac{\partial^2}{\partial R^2}+V_{nn} \end{pmatrix}\begin{pmatrix} \psi_1 \\ \psi_2 \\ . \\ . \\ . \\ \psi_n \end{pmatrix} \qquad (2\text{-}26)$$

ψ_i（$i = 1, 2, \cdots, n$）为第 i 个电子态的核波函数，而且核波函数包含了各电子态相位的信息。各态电子波函数 ϕ_i 可以通过对角化离散变量表象中构建的矩阵来获得。泵浦光作用后分子体系处于多个态的叠加态即：$\Psi_{tot} = \psi_1\phi_1 +$

$\psi_2\phi_2 + \cdots + \psi_n\phi_n$。处于叠加态的分子体系作为新的初始态，在探测光的作用下，含时薛定谔方程可表示为：

$$i\frac{\partial \Psi_{tot}(R,z;t)}{\partial t} = H(R,z;t)\Psi_{tot}(R,z;t) \tag{2-27}$$

任意时刻波函数同时包含了分子体系基态和激发态的信息，在强激光的作用下分子体系高次谐波的产生不仅包含了基态的贡献也包含了各激发态的贡献。基于多电子态模型可以更加准确地描述谐波发射过程中的电子动力学、电子-核关联动力学、激发态动力学。

与原子体系类似，分子体系的偶极加速度表示为：

$$a(t) = \frac{\mathrm{d}^2}{\mathrm{d}t^2}\langle\psi(t)|z|\psi(t)\rangle = \langle\psi(t)|-\frac{\partial V_C}{\partial z} + \left(1 + \frac{q_1 + q_2 - 1}{M_1 + M_2 + 1}\right)E(t)|\psi(t)\rangle$$

$$\tag{2-28}$$

通过对分子体系偶极加速度分别进行傅里叶变换和小波变换，得到相应的高次谐波谱以及时频分析图。

2.3　固体体系高次谐波产生的数值计算方法

与原子、分子体系相比，高密度、周期性结构的固体材料，在强激光作用下具有提高次谐波产率的潜在优势。此外，固体高次谐波在能带结构的成像、贝瑞曲率的测量、晶体对称性的探测等方面也具有重要的应用价值。近年来，固体高次谐波的产生已得到了国内外研究团队的广泛关注，理论研究方法不断完善，下面介绍几种固体高次谐波产生的数值模拟方法。

2.3.1　长度规范条件下含时薛定谔方程的求解

在数值模拟过程中，研究人员广泛采用周期性晶格势模拟固体材料。当激光偏振方向沿晶轴方向时，在速度规范条件下，一维含时薛定谔方程可以表示为：

$$i\frac{\partial}{\partial t}\psi(x,t) = \left[\frac{\hat{p}^2}{2} + V(x) + xE(t)\right]\psi(x,t) \qquad (2\text{-}29)$$

$V(x) = -V_0[1+\cos(2\pi x / a_0)]$ 为周期晶格势。通过对角化无场哈密顿量，求解各能态本征值及本征态。如图 2-1 展示了 $V_0 = 0.37$，$a_0 = 8$ a.u.对应的能带结构。

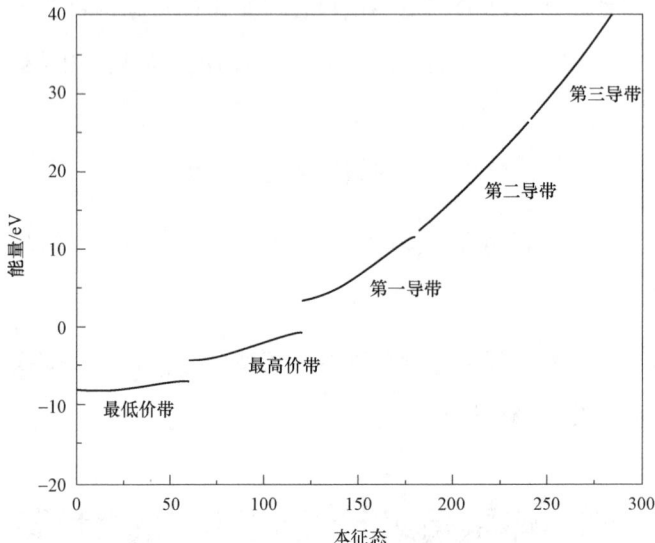

图 2-1　周期势 $V(x) = -0.37[1+\cos(2\pi x / 8)]$ 对应的能带结构

在通过二阶劈裂算符的方法进行波函数演化时，通常选择价带顶为初始态，此处最高价带与最低导带带隙最小，隧穿概率最大。获得含时波函数后可进一步求得激光诱导电流：

$$j(t) = -\langle\psi(t)|\hat{p}|\psi(t)\rangle \qquad (2\text{-}30)$$

对激光诱导电流进行傅里叶变换，得到高次谐波谱：

$$H(\omega) = \frac{2}{3\pi c^3}\left|\int j(t)\mathrm{e}^{i\omega t}\mathrm{d}t\right|^2 \qquad (2\text{-}31)$$

将含时波函数向本征态 φ_n 投影，可得各能态含时电子布居数（Time-dependent population image，TDPI）

$$\left|C_n(t)\right|^2 = \left|\langle\varphi_n|\psi(t)\rangle\right|^2 \qquad (2\text{-}32)$$

2.3.2　速度规范条件下含时薛定谔方程的求解

基于单电子近似，在速度规范条件下，当激光偏振方向沿晶轴方向，对于能带 n 中具有初始晶格动量 k 的电子，一维含时薛定谔方程表示为：

$$i\frac{\partial}{\partial t}\psi_{nk}(x,t)=\left\{\frac{[\hat{p}+A(t)]^2}{2}+V(x)\right\}\psi_{nk}(x,t) \tag{2-33}$$

上式中 $\psi_{nk}(x,t)$ 为含时波函数，$\hat{p}$ 为动量算符，$A（t）$ 为激光矢势，$V（x）$ 为周期晶格势。根据布洛赫定理，$\psi_{nk}(x,t)$ 可以分解为 $\psi_{nk}(x,t)=e^{ikx}u_{nk}(x,t)$，其中 $u_{nk}(x,t)$ 是周期性波函数。公式（2-33）可以化解为：

$$i\frac{\partial}{\partial t}u_{nk}(x,t)=\hat{H}_k(t)u_{nk}(x,t) \tag{2-34}$$

$$\hat{H}_k(t)=\frac{[\hat{p}+k+A(t)]^2}{2}+V(x) \tag{2-35}$$

采用平面波基的方法对（2-34）式进行求解，波函数 $u_{nk}(x,t)$ 展开为：

$$u_{nk}(x,t)=\sum_{m=-N_b}^{m=N_b}C_{nk}^m(t)q_m(x) \tag{2-36}$$

$$q_m(x)=\frac{1}{\sqrt{a_0}}\exp\left(i\frac{2\pi mx}{a_0}\right) \tag{2-37}$$

其中，$q_m(x)$ 为平面波基，$C_{nk}^m(t)$ 为系数。公式（2-34）表示为矩阵形式：

$$i\frac{\partial}{\partial t}C_{nk}(t)=H_k(t)C_{nk}^{\cdot}(t) \tag{2-38}$$

通过对角化无场哈密顿量，得到各能带电子的本征函数及能带结构如图 2-2 所示，进而利用 Crank-Nicolson 方法求解方程（2-38）。

能带 n 中晶格动量为 k 的电子激光诱导电流为：

$$j_{nk}(t)=C_{nk}^+[p+k+A(t)]C_{nk} \tag{2-39}$$

对 $j_{nk}(t)$ 求和可以得到能带 n 中所有电子的总电流：

$$j_{total}(t)=\frac{1}{N_k a_0}\sum_{nk}j_{nk}(t) \tag{2-40}$$

其中 N_k 为划分布里渊区域的格点数。对总电流进行傅里叶变换并取平方即可得到相应的谐波谱。

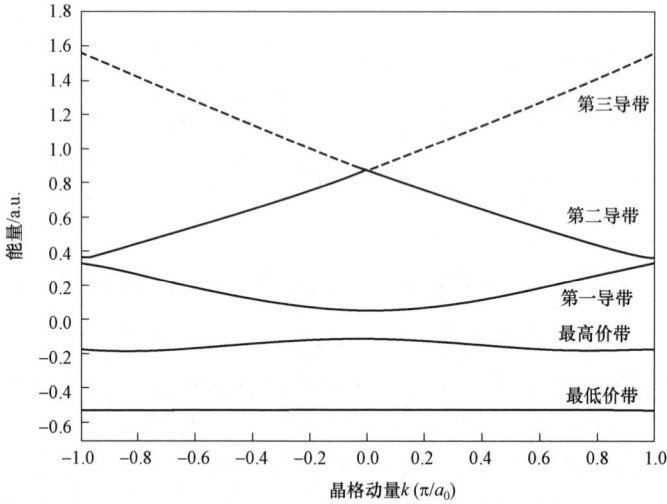

图 2-2　k 空间周期势 $V(x) = -0.37[1 + \cos(2\pi x / 8)]$ 对应的能带结构

2.3.3　半导体布洛赫方程的求解

长度规范条件下，双能带半导体布洛赫方程可以表示为：

$$i\frac{\partial}{\partial t}p_k = \left(\varepsilon_c(k) - \varepsilon_v(k) - i\frac{1}{T_2}\right)p_k + (f_k^c - f_k^v)\mathrm{d}(k)E(t) + iE(t)\nabla_k p_k$$

$$(2\text{-}41)$$

$$\frac{\partial}{\partial t}f_k^{c(v)} = -2(d(k)E(t)p_k^*) + E(t)\nabla_k f_k^{c(v)} \tag{2-42}$$

其中 f_k^c 与 f_k^v 分别表示最低导带和最高价带的布居数。p_k 表示带间偏振，T_2 代表退相时间，$\varepsilon_c(k)$ 与 $\varepsilon_v(k)$ 分别表示最低导带与最高价带的能带。$d(k)$ 为两能带之间的跃迁偶极矩：

$$d(k) = \frac{i\langle\phi_c(k)\,|\,\hat{p}\,|\,\phi_v(k)\rangle}{[\varepsilon_c(k) - \varepsilon_v(k)]} \tag{2-43}$$

$\phi_\lambda(k)$ 为给定能带每一个 k 点对应的归一化波函数。

带内电流 $J(t)$ 与带间极化 $P(t)$ 分别表示为：

$$J(t) = \sum_{\lambda} \int_{BZ} e v_k^{\lambda} f_k^{\lambda}(t) \, dk \tag{2-44}$$

$$P(t) = \int_{BZ} [d(k) p_k(t) + \text{c.c.}] \, d(k) \tag{2-45}$$

v_k^{λ} 表示给定能带的群速度。结合带内电流与带间极化可以得到相应的高次谐波谱

$$S(\omega) = \left| \frac{1}{\sqrt{2\pi}} \int_0^T [J(t) + \frac{d}{dt} P(t)] e^{-i\omega t} dt \right|^2 \tag{2-46}$$

在两能带模型的基础上，进一步建立多能带的半导体布洛赫方程，探究更高导带对固体材料高次谐波产生的影响：

$$i\frac{\partial}{\partial t} p_{\mathbf{k}}^{h_i e_j} = \left(\varepsilon_{\mathbf{k}}^{e_j} + \varepsilon_{\mathbf{k}}^{h_i} - i\frac{1}{T_2} \right) p_{\mathbf{k}}^{h_i e_j} - (1 - f_{\mathbf{k}}^{e_j} - f_{\mathbf{k}}^{h_i}) \mathbf{d}_{\mathbf{k}}^{e_j h_i} \mathbf{E}(t) + i\mathbf{E}(t) \nabla_{\mathbf{k}} p_{\mathbf{k}}^{h_i e_j}$$
$$+ E(t) \sum_{e_\lambda \neq e_j} (\mathbf{d}_k^{e_\lambda h_i} p_k^{e_\lambda e_j} - \mathbf{d}_k^{e_j e_\lambda} p_k^{h_i e_\lambda}) + \mathbf{E}(t) \sum_{h_\lambda \neq h_j} (\mathbf{d}_{\mathbf{k}}^{h_\lambda h_i} p_{\mathbf{k}}^{h_\lambda e_j} - \mathbf{d}_{\mathbf{k}}^{e_j h_\lambda} p_{\mathbf{k}}^{h_i h_\lambda})$$

$$\tag{2-47}$$

$$i\frac{\partial}{\partial t} p_{\mathbf{k}}^{e_i e_j} = \left(\varepsilon_{\mathbf{k}}^{e_j} - \varepsilon_{\mathbf{k}}^{e_i} - i\frac{1}{T_2} \right) p_{\mathbf{k}}^{e_i e_j} + (f_{\mathbf{k}}^{e_j} - f_{\mathbf{k}}^{e_i}) \mathbf{d}_{\mathbf{k}}^{e_j e_k} \mathbf{E}(t) + i\mathbf{E}(t) \nabla_{\mathbf{k}} p_{\mathbf{k}}^{e_i e_j}$$
$$+ \mathbf{E}(t) \sum_{e_\lambda \neq e_j} \mathbf{d}_{\mathbf{k}}^{e_\lambda e_i} p_{\mathbf{k}}^{e_\lambda e_j} - \mathbf{E}(t) \sum_{e_\lambda \neq e_i} \mathbf{d}_{\mathbf{k}}^{e_j e_\lambda} p_{\mathbf{k}}^{e_i e_\lambda} + \mathbf{E}(t) \sum_{h_\lambda} (\mathbf{d}_{\mathbf{k}}^{h_\lambda e_i} p_{\mathbf{k}}^{h_\lambda e_j} - \mathbf{d}_{\mathbf{k}}^{e_j h_\lambda} (p_{\mathbf{k}}^{h_\lambda e_i})^*)$$

$$\tag{2-48}$$

$$i\frac{\partial}{\partial t} p_{\mathbf{k}}^{h_i h_j} = \left(\varepsilon_{\mathbf{k}}^{h_i} - \varepsilon_{\mathbf{k}}^{h_j} - i\frac{1}{T_2} \right) p_{\mathbf{k}}^{h_i h_j} + (f_{\mathbf{k}}^{h_i} - f_{\mathbf{k}}^{h_j}) \mathbf{d}_{\mathbf{k}}^{h_j h_i} \mathbf{E}(t) + i\mathbf{E}(t) \nabla_{\mathbf{k}} p_{\mathbf{k}}^{h_i h_j}$$
$$+ \mathbf{E}(t) \sum_{h_\lambda \neq h_j} \mathbf{d}_{\mathbf{k}}^{h_\lambda h_i} p_{\mathbf{k}}^{h_\lambda h_j} - \mathbf{E}(t) \sum_{h_\lambda \neq h_i} \mathbf{d}_{\mathbf{k}}^{h_j h_\lambda} p_{\mathbf{k}}^{h_\lambda h_i} + \mathbf{E}(t) \sum_{e_\lambda} (\mathbf{d}_{\mathbf{k}}^{e_\lambda h_i} (p_{\mathbf{k}}^{h_j h_\lambda})^* - \mathbf{d}_{\mathbf{k}}^{h_j e_\lambda} p_{\mathbf{k}}^{h_i e_\lambda})$$

$$\tag{2-49}$$

$$\frac{\partial}{\partial t} f_{\mathbf{k}}^{e_i} = -2\,\text{Im}\left[\sum_{e_\lambda \neq e_j} \mathbf{d}_{\mathbf{k}}^{e_i e_\lambda} \mathbf{E}(t) (p_{\mathbf{k}}^{e_\lambda e_i})^* + \sum_{h_\lambda} \mathbf{d}_{\mathbf{k}}^{e_i h_\lambda} \mathbf{E}(t) (p_{\mathbf{k}}^{h_\lambda e_i})^* \right] + \mathbf{E}(t) \nabla_{\mathbf{k}} f_{\mathbf{k}}^{e_i} - \frac{1}{2T_1} (f_{\mathbf{k}}^{e_i} - f_{-\mathbf{k}}^{e_i})$$

$$\tag{2-50}$$

$$\frac{\partial}{\partial t} f_{\mathbf{k}}^{h_i} = -2\,\text{Im}\left[\sum_{h_\lambda \neq h_j} \mathbf{d}_{\mathbf{k}}^{h_i h_\lambda} \mathbf{E}(t) (p_{\mathbf{k}}^{h_\lambda h_i})^* + \sum_{e_\lambda} \mathbf{d}_{\mathbf{k}}^{h_i e_\lambda} \mathbf{E}(t) (p_{\mathbf{k}}^{h_\lambda e_i})^* \right] + \mathbf{E}(t) \nabla_{\mathbf{k}} f_{\mathbf{k}}^{h_i} - \frac{1}{2T_1} (f_{\mathbf{k}}^{h_i} - f_{-\mathbf{k}}^{h_i})$$

$$\tag{2-51}$$

公式（2-47）—公式（2-49）表示电子和空穴在带间的运动，公式（2-50）和公式（2-51）表示电子和空穴在带内的运动。公式中字母 e 和 h 分别代表电子和空穴，$p_{\mathbf{k}}^{\lambda\lambda'}$ 表示带间相干，$f_{\mathbf{k}}^{e}$ 和 $f_{\mathbf{k}}^{h}$ 分别表示电子和空穴的布居数。$\varepsilon_{\mathbf{k}}^{\lambda}$ 代表导带或价带上相应载流子的能量，$\mathbf{d}_{\mathbf{k}}^{\lambda\lambda'}$ 为带间的跃迁偶极矩。

第3章 原子体系高次谐波产生的动力学研究

利用高次谐波可有效获得孤立阿秒脉冲，且谐波谱越宽得到的阿秒脉冲越窄。根据 $\hbar\omega = I_p + 3.17U_p$ 可知，在激光强度一定的条件下，增加入射激光波长（λ）有利于谐波谱的拓宽。随着光参放大（Optical Parametric Amplification，OPA）技术的出现，激光波长的调谐范围可提高至中红外激波段，随之中红外激光场中高次谐波产生的动力学过程成为研究人员关注的焦点。在长波长激光作用下电子波包的扩散效应明显，而且谐波发射效率随 λ 增加而下降并满足 λ^{-3}。随着研究不断地深入，理论工作者和实验工作者均发现谐波发射效率对波长的依赖性可以达到 $\lambda^{-(5\sim6)}$。J.Tate 等人发现在 2 000 nm 驱动光的作用下，Ar 体系高次谐波产生的电子动力学过程更加复杂，除一次回碰通道还有很多高阶回碰通道。虽然基于"三步模型"，通过电子与母核的一次回碰可以有效解释谐波截止位置的变化，却无法清晰准确地描述长波长条件下谐波发射时的电子动力学。

本章将分别在均匀场与非均匀场中研究 He 体系高次谐波发射过程中的多次回碰（multiple rescatterings，MRS）现象，通过对两类激光场中电子动力学过程的分析，定量研究多次回碰的特点，总结长波长条件下原子体系谐波发射的规律，建立清晰的谐波发射物理图像。

3.1 均匀场中 He 原子体系多次回碰现象的电子动力学研究

3.1.1 引言

2007 年，科研工作者在利用中红外激光拓宽谐波谱的过程中，发现利用长波长激光照射原子体系时会出现多次回碰现象。从此，这一新现象开始受到国内外研究小组的关注。在中红外激光场中，利用回碰过程间的干涉效应，在理论上可以突破阿秒脉冲的限制得到仄秒脉冲。与一次回碰过程不同，高阶回碰过程中长短轨道的干涉效应不影响谐波发射效率。对于阈上谐波，不同的电离区域对应不同的回碰过程。在多光子电离区域主要发生奇次回碰过程而在隧穿电离区域则主要发生偶次回碰过程。此外，阈下谐波产生过程中也可以观察到多次回碰现象。高阶回碰过程对高次谐波发射的影响与传播效应以及相位匹配密切相关。中红外激光能有效拓宽高次谐波谱，然而，多个回碰过程的相互干涉却不利于阿秒脉冲的合成。M.R.Miller 小组指出，通过调节真空极紫外脉冲与红外脉冲之间的延迟时间，可以实现对多次回碰过程的操控。C.T.Le 等人通过静电场与啁啾场的复合场打破原有激光场的对称性，抑制了多次回碰的产生。为了建立清晰的物理图像，必须掌握多次回碰过程中电子的运动规律。

本节通过求解含时薛定谔方程和牛顿方程相结合的方法，对长波长均匀场条件下 He 体系高次谐波产生过程中的多次回碰现象进行系统研究，总结各回碰过程的能量变化规律，建立多次回碰过程的物理图像，提出相应的操控方案。

3.1.2　理论方法

1. 量子方法

在单电子近似和偶极近似条件下，线偏振激光与 He 相互作用，一维含时薛定谔方程表示为：

$$i\frac{\partial}{\partial t}\psi(x,t) = H\psi(x,t) \tag{3-1}$$

$$H = -\frac{1}{2}\frac{\partial^2}{\partial x^2} + V_C(x) + xE(t) \tag{3-2}$$

$$E(t) = E_0 f(t)\cos\omega t \tag{3-3}$$

在公式（3-2）中 $V_C(x) = -1/\sqrt{c+x^2}$ 为库仑势，$c = 0.484$ 满足 He 体系的基态电离能 24.6 eV。如图 3-1 所示，激光电场只随时间变化，与空间变化无关，因而该激光场为均匀场。

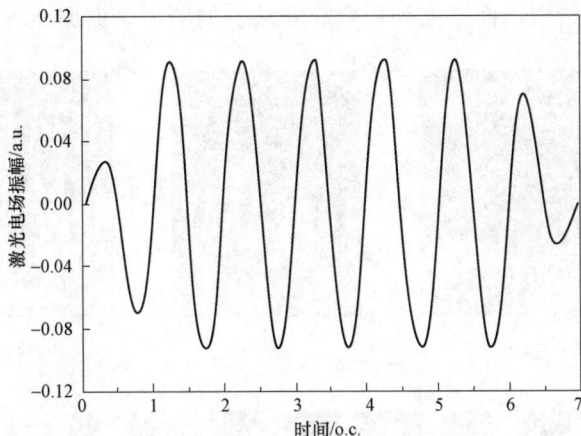

图 3-1　激光电场示意图（激光强度为 3×10^{14} W/cm^2，波长为 2 000 nm）

2. 经典计算

求解牛顿方程：

$$\ddot{x}(t) = -E(t) \tag{3-4}$$

电子的速度 $\dot{x}(t)$ 和电子的位置 $x(t)$ 分别为：

$$\dot{x}(t) = \int_{t_i}^{t_r} \ddot{x}(t)\mathrm{d}t \qquad (3\text{-}5)$$

$$x(t) = \int_{t_i}^{t_r} \dot{x}(t)\mathrm{d}t \qquad (3\text{-}6)$$

t_i 和 t_r 分别为电离时间和回碰时间。初始速度 $\dot{x}(0) = 0$ 和初始位置 $x(0) = 0$，动能 E_k 可以根据 $E_k = \dot{x}^2(t) / 2$ 计算得到。

3.1.3　数值结果与讨论

如图 3-1 所示，梯形激光的峰值强度为 3×10^{14} W/cm^2 不变。在波长从 800 nm 到 2 000 nm 条件下探究 He 体系高次谐波的发射过程。由于谐波发射具有周期性，为了方便观察，图 3-2 仅展示了 1 o.c.到 5 o.c.的时频分布图。随着波长的增加，谐波发射过程出现明显的差异性。在短波长 800 nm 条件下（如图 3-2（a）所示），主要由一个弓形结构（由长短量子轨道共同组成）贡献谐波的产生。随波长的增加，从时频图中可以看到在同一个光周期内不只存在一个弓形结构，而且这种现象随着波长的增加会更加显著。

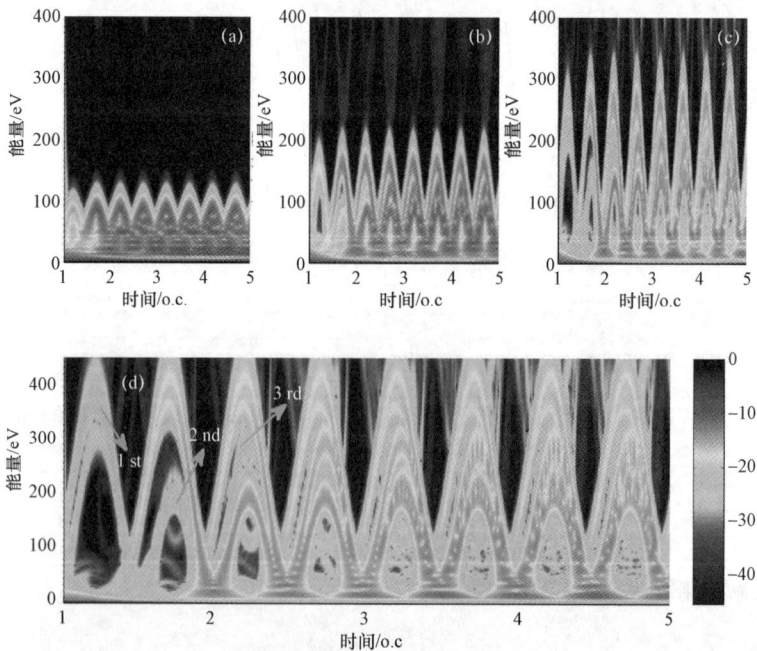

图 3-2　不同波长条件下 He 体系谐波发射所对应的时频图
（a）～（d）波长分别为 800 nm、1 200 nm、1 600 nm、2 000 nm，激光强度均为 3×10^{14} W/cm^2

　　为了深入理解长波长条件下原子体系谐波发射的动力学过程，通过求解牛顿方程模拟波长为 2 000 nm 时电子的运动，如图 3-3 所示，经典计算结果与图 3-2（d）中的量子计算结果吻合。通过经典计算可知，1.2 o.c.附近发射的谐波主要由 0.5 o.c.附近电离的电子在外场中加速，并在激光反向后第一次与母核相遇时发生复合所产生。这个过程中复合时间与电离时间差小于 1 o.c.，标记为 1st。此外，0.5 o.c.附近电离的电子也可以在 1.7 o.c.、2.2 o.c. 及 2.7 o.c.附近与母核复合发射谐波光子，分别标记为 2nd、3rd 和 4th。由于电子通过 4th 过程与 2nd 过程在外场中获得的能量大小相近，因而在时频图上，随着激光作用时间的增加，这两个过程很难被清晰地分辨出来。众所周知，高次谐波发射过程可以在一个光周期之内完成，那么，这些额外的弓形结构究竟与哪些具体的动力学过程相对应呢？在原有"三步模型"的基础上，需要深入探究长波长条件下原子体系高次谐波发射的电子动力学过程，来解答这个问题。

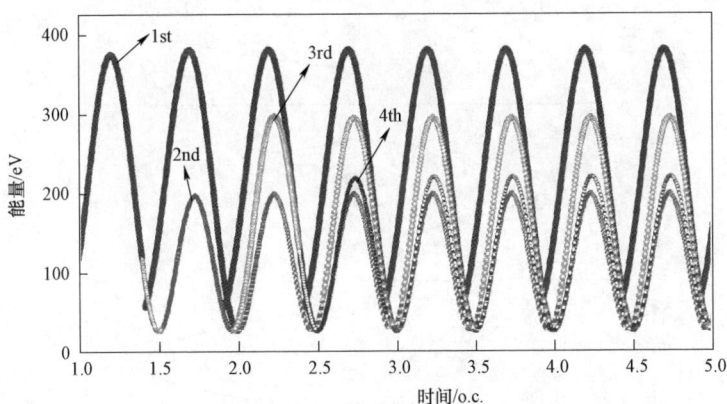

图 3-3　经典条件下的数值结果，激光参数与图 3-2（d）中一致

　　在图 3-4 中大圆代表原子核，小圆代表电子。F 代表激光，分别用水平向左和向右的箭头表示负向和正向激光。如图 3-4（a）所示，在激光的作用下电子脱离原子核的束缚，在外场中做加速运动，半个光周期之后激光反向，电子在反向激光的作用下开始向母核运动，最终与母核复合并释放出谐波光

子（如实曲线所示）。从电离到复合整个过程中电子的运动时间 $t<1$ o.c.，即通过 1st 过程产生谐波，称为一次回碰过程。该过程中的电子动力学，与经典"三步模型"对短波长激光场中电子运动的描述一致。然而，当波长增加时，电子行为则明显不同。如图 3-4（b）虚曲线所示，在一次回碰过程中，电子仍有一定的概率错过母核，在外场中继续加速。当激光反向时，电子与母核第二次相遇并与母核复合，此时电子从电离到复合所需要的时间满足 1 o.c.$<t<1.5$ o.c.即 2nd 过程，称为二次回碰过程。同理，如图 3-4（c）和（d）所示，1.5 o.c.$<t<2.0$ o.c.与 2.0 o.c.$<t<2.5$ o.c.分别对应 3rd 与 4th 过程，分别称为三次、四次回碰过程。通过量子模拟与经典模拟相结合的方法，我们对长波长激光场中的电子运动有了初步的认识。由于电子在外场中加速时间不同，所获得的能量也会有所差异。那么，电子通过各阶回碰在外场中获得的能量又有什么特点呢？

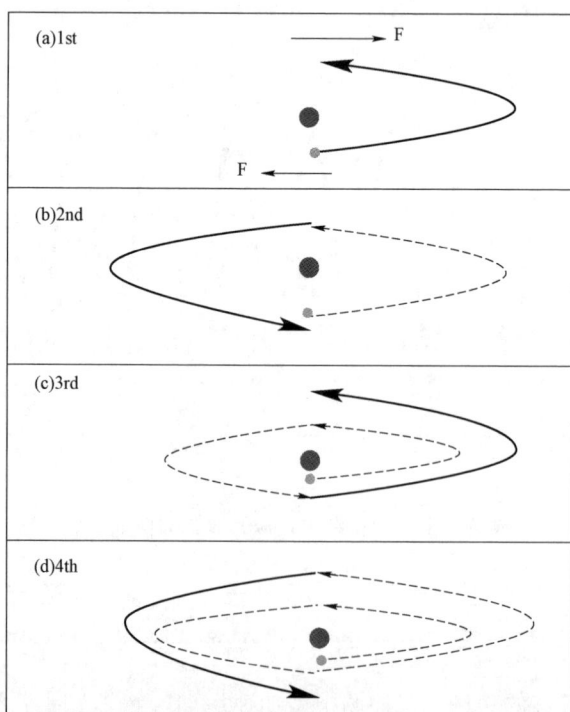

图 3-4　电子在外场中的运动。（虚曲线代表未与原子核复合，
实曲线代表与原子核复合；大圆代表原子核，小圆为电子。）

图 3-5 给出了电子在外场中从 1st 到 4th 过程所获得的能量。其中波长从 1 600 nm 到 2 000 nm，激光强度均为 3×10^{14} W/cm²。可以看出，在梯形均匀场中，不同波长条件下电子经过多次回碰获得的能量不同。从第一次到第四次过程分别为 3.17 U_p、1.54 U_p、2.42 U_p 和 1.73 U_p。也就是说，电子经过第 $2n$ 次回碰获得的能量小于第 $2n-1$ 次、第 $2n+1$ 次回碰的能量（其中 $n=1,2,3\cdots$）。总之，随着波长的增加各阶回碰能量差逐渐增大，在谐波发射过程中可以很明显地观察到多次回碰现象。

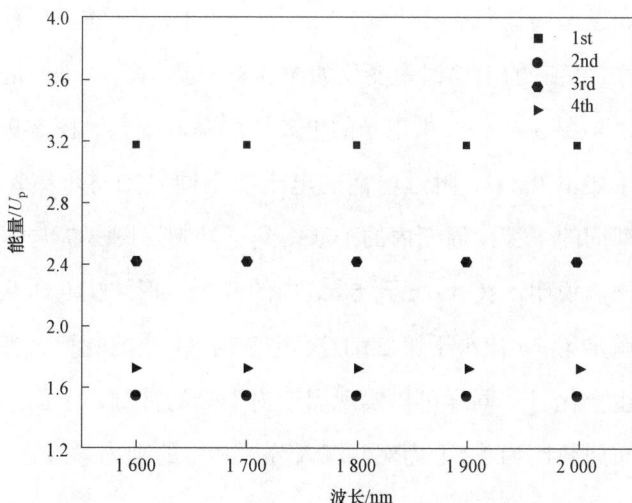

图 3-5　不同波长条件下电子在外场中经过 1st、2nd、
3rd 及 4th 过程获得的能量

如图 3-2（d）所示，由于高阶回碰的存在，在谐波产生的过程中不仅存在周期间的干涉还伴随周期内的干涉。这些干涉现象均不利于合成孤立阿秒脉冲。因而，需要通过一定方案来消除这些干涉过程的不利影响。不同时刻电离的电子，均对应多次回碰过程，在同一个周期内各回碰过程相互干涉引起周期内干涉。因而，可以通过控制电子的电离过程，实现周期内干涉的抑制。将 He 体系初始态选为基态和第一激发态的叠加态，而且布居数比为 1∶1。如图 3-6（a）和图 3-6（b）分别为基态和叠加态所对应的电离概率。当基态为初始态时，随着激光的作用电离概率逐渐增大而且在每一时刻都有电

子电离。因而，不同时刻电离的电子会产生如图 3-2（d）所示的周期内多次回碰过程之间的相互干涉。当基态和第一激发态的叠加态为初始态时，电离过程在 0.5 o.c.开始发生并在 1.0 o.c.迅速达到最大，即超过 1.0 o.c.几乎不再发生电离，相应地，不会继续产生多次回碰现象。图 3-7 为叠加态条件下的时频分布图，从中可以看出周期内的干涉已被抑制。图中 1st、2nd、3rd 和 4th 过程主要来自 0.5 o.c.附近电离的电子分别与母核在 1.2 o.c.、1.7 o.c.、2.2 o.c.、2.7 o.c.附近的复合。为了进一步验证叠加态方案的有效性，对不同基态和第一激发态布居数条件下（1∶3、1∶5、1∶7），He 体系高次谐波的产生进行探究。相应的电离概率变化如图 3-8 所示，在 1 o.c.附近电子均完成了电离过程，与图 3-6（b）中电子的电离过程基本一致。图 3-9 中时频图上的量子轨道主要由 0.5 o.c.附近电离的电子在不同时刻与母核复合贡献。因而，只有周期间的干涉，周期内的干涉得到了抑制。图 3-7 与图 3-9 的量子计算结果进一步说明，在 1 o.c.到 5 o.c.内的八个弓形结构（即八次回碰）所对应的能量满足第 $2n$ 次小于第 $2n-1$ 次和第 $2n+1$ 次的规律。当两个电子态的布居数发生变化时，同样可以实现周期内干涉的抑制。下面主要以基态和第一激发态布居数比为 1∶1 为例，深入分析其中的动力学过程。

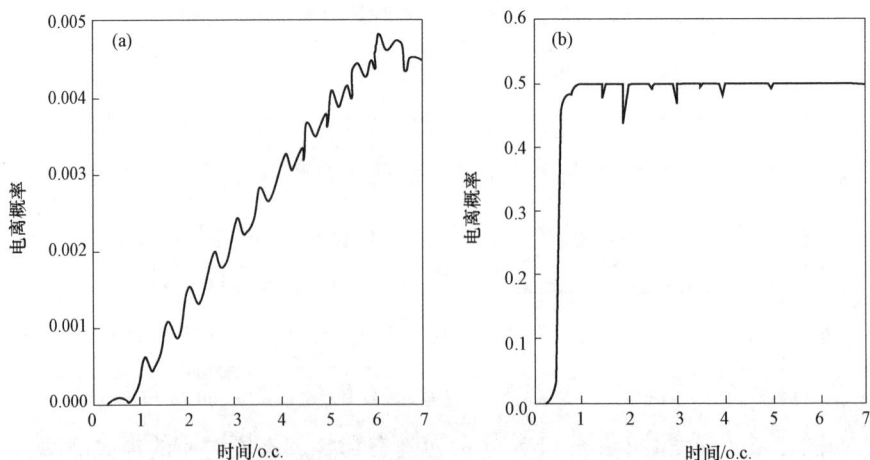

图 3-6　（a）和（b）分别为基态和叠加态
（基态与第一激发态布居数比为 1∶1）的电离概率

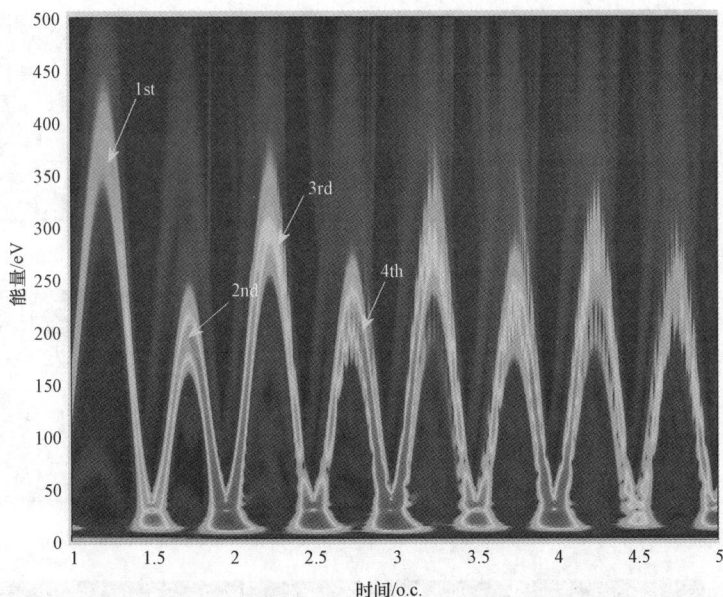

图 3-7　叠加态条件下且基态与第一激发态布居数比为 1：1 时对应的时频分布图

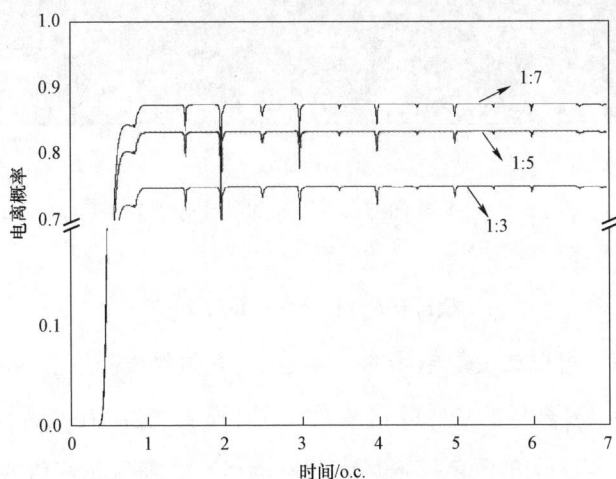

图 3-8　叠加态条件下基态与第一激发态布居数比分别为
1：3、1：5 和 1：7 对应的电离概率

　　在叠加态条件下，电离过程主要发生在 0.5 o.c.附近。由于电子在高阶回碰过程中运动的时间要远大于 1st 过程所需的时间，可以通过减弱 0.5 o.c.附近的电离过程，同时增加电子在外场中的加速时间，来抑制周期间的多次回碰过程。如图 3-10 所示为梯形与静电场的复合场示意图。

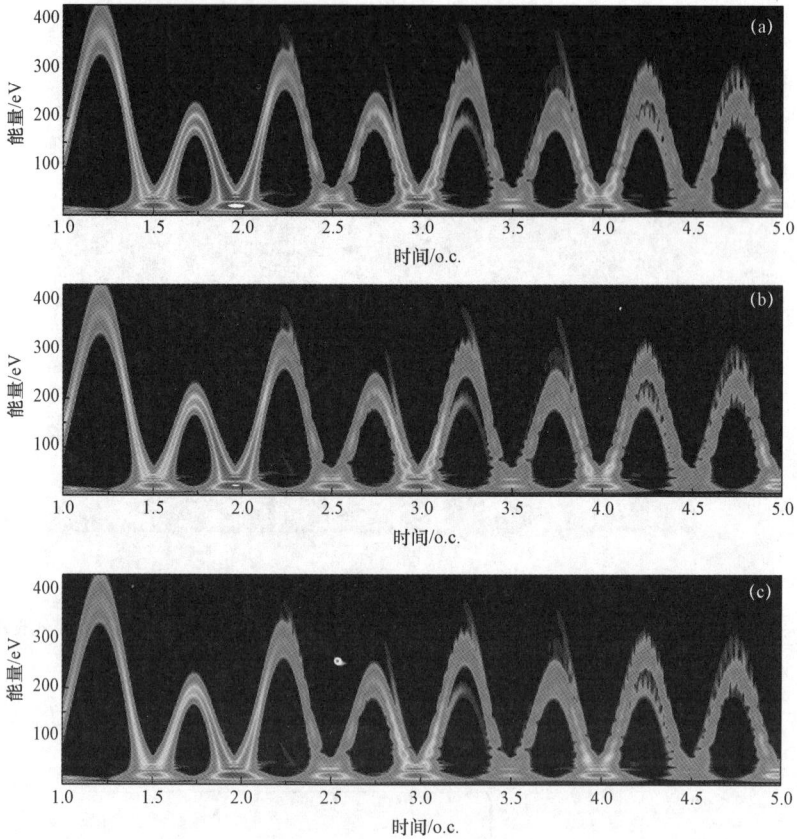

图 3-9　（a）～（c）叠加态条件下布居数比分别为 1：3、1：5 和
1：7 对应的时频分布图

$$E(t) = E_0 f(t)\cos\omega t + \xi E_0 \qquad (3\text{-}7)$$

通过调节 ξ 可以改变静电场的电场强度，其值越大相应静电场强度越大。叠加静电场后，复合场的负向峰值减弱，正向峰值增强。在复合场中，0.5 o.c. 附近的电离概率要小于单色梯形场中的电离概率。随着正峰值的增强，电子电离后在外场中的加速时间随之增加。

图 3-11 为不同复合场条件下，从 $\xi=0.03$ 到 $\xi=0.09$，He 体系处于叠加态对应的时频分布图。与图 3-7 相比，当 $\xi=0.03$ 时，2.2 o.c.后高阶回碰几乎没有贡献。随着静电场强度的增加，负向峰值逐渐减弱正向峰值逐渐增强，如图 3-10 所示。图 3-11（a）到（c）周期间的多次回碰过程对谐波辐射贡献逐渐减弱，当 $\xi=0.09$ 时，主要由 1st 过程的短轨道贡献。因此，叠加态条件下，

通过调节激光参数可抑制周期间多次回碰的干涉。

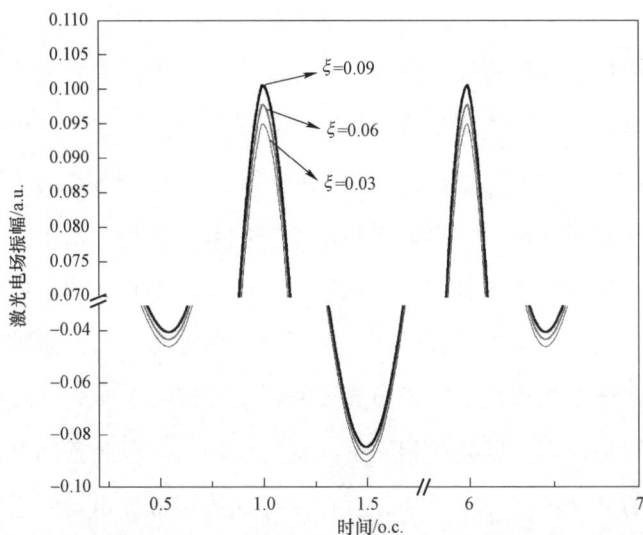

图 3-10 梯形场与静电场的复合场示意图，梯形场的激光参数与图 3-1 相同

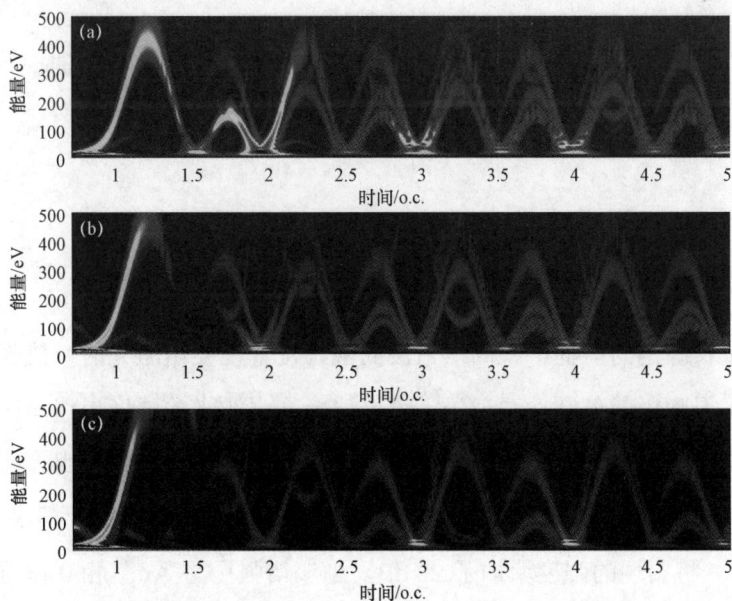

图 3-11 基态和第一激发态布居数比为 1：1 时不同复合场条件下的时频分布图。
（a）$\xi=0.03$，（b）$\xi=0.06$，（c）$\xi=0.09$

3.1.4　小结

本节利用量子模拟和经典模拟相结合的方法，研究了均匀场中 He 体系多次回碰现象的电子动力学过程。建立了原子体系多次回碰过程的相关物理图像，归纳总结了各回碰过程的能量特点即第 $2n$ 次回碰过程的最大能量要小于第 $2n-1$ 次和第 $2n+1$ 次回碰过程的最大能量。此外，由于多周期长脉冲的作用，处于基态的 He 体系在谐波发射过程中不仅存在周期内的多次回碰干涉还存在周期间的多次回碰干涉。然而当使用基态与第一激发态的叠加态时，电子可在半个光周期内完成电离过程，从而抑制了激光作用后期的电离过程。相应周期内多次回碰的相互干涉也会被抑制。在此基础上，利用梯形场与静电场的复合场与 He 体系相互作用，通过调节静电场的强度，实现减弱电离过程增强加速过程，最终有效抑制了周期间多次回碰干涉。

3.2　非均匀场中 He 原子体系多次回碰现象的电子动力学研究

3.2.1　非均匀激光场简介

在波长确定的前提下，高次谐波的截止位置主要由激光的峰值强度所决定。为了得到极紫外脉冲，理论上可以选择增强激光的强度，然而在实验过程中激光强度不能无限制增加。2008 年，S.W.Kim 等人指出利用表面等离子共振可以克服上述难题。如图 3-12 所示，在实验中利用蝴蝶结形纳米结构（图 3-13）将弱场的强度增加了 20 dB，当该增强场与 Ar 气相互作用时可获得极紫外脉冲。等离子共振实现场的增强可以通过场致电荷模型来理解。首先，分布在金属纳米结构的电荷受到入射场的影响，大部分自由电荷集中分布在纳米结构的局部区域。其次，重新分布的自由电子在纳米结构附近诱导产生电场。因而，在这些再分布自由电荷的作用下，入射激光场得到增强。由于受金属纳米结构的空间布局以及入射激光方向的影响，增强场强度与电子所处的位置密切相关并非稳定不变。因此，等离子增强场也称为非均匀场。

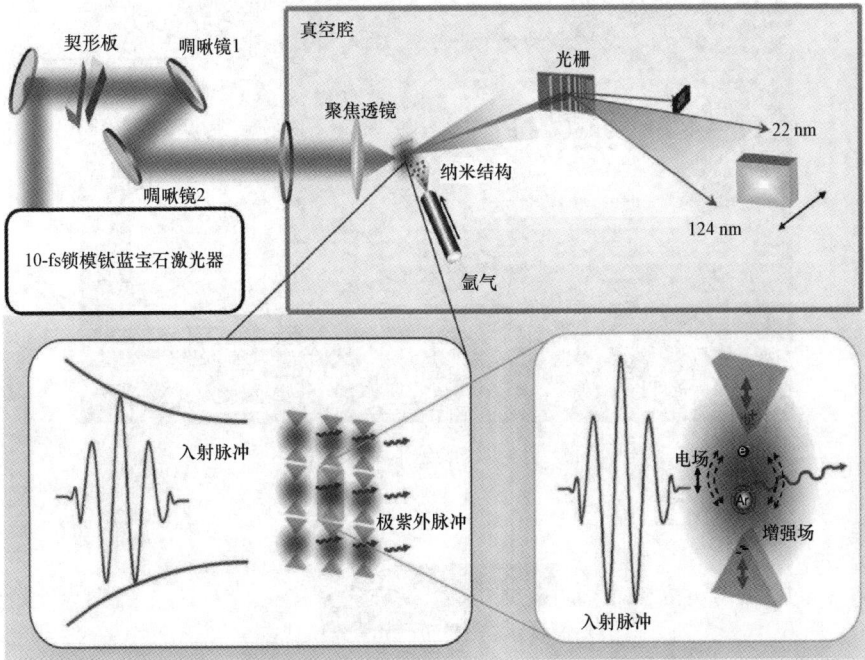

图 3-12　蝴蝶型纳米结构增强场中 Ar 气高次谐波的产生

非均匀场方案的出现为探索高次谐波的产生进而获得极紫外脉冲打开了新的途径，极大地促进强场条件下高次谐波产生的相关研究。M.Sivis 等人在利用纳米结构研究极紫外脉冲的产生过程中，只观察到了原子线并没有观察到高次谐波的产生。这主要是由于随着激光的作用，纳米结构的热损失与光学破坏会导致蝴蝶结形结构逐渐消失，从而使利用该结构产生谐波的时间较短，在实验上较难观察到。为了解决这一问题，I.Y.Park 等人提出了一种新的纳米结构：锥形纳米结构（图 3-14）。三维波导结构与蝴蝶结形纳米结构相比，可以有效减少热损失和光学破坏。图 3-15 为基于锥形纳米结构的增强场与 Xe 气相互作用产生的谐波谱。与蝴蝶结形纳米结构相比，在入射光强度均为 1×10^{11} W/cm^2 条件下，不仅可以将谐波的截止位置向更高的频率拓展，还能有效提升谐波的转化效率。

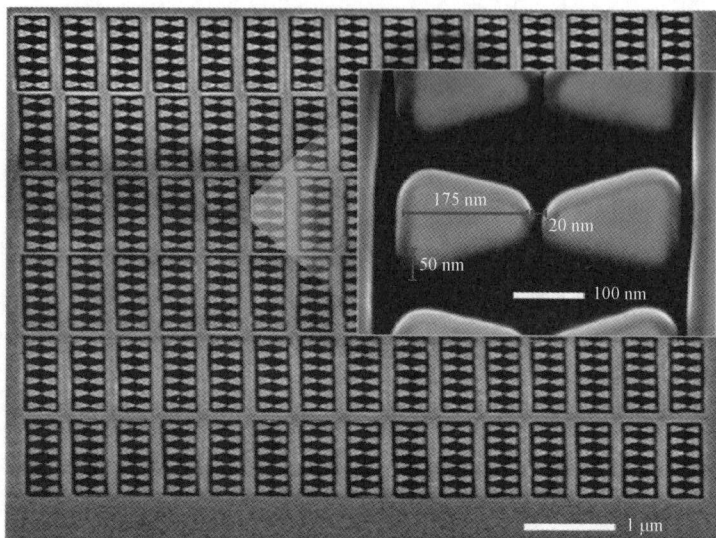

图 3-13　蝴蝶结形纳米结构

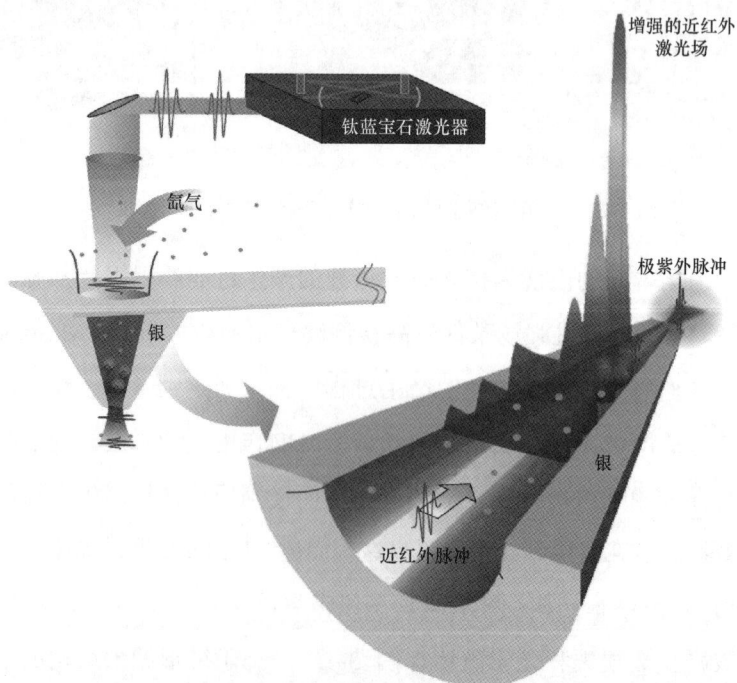

图 3-14　三维锥形波导结构增强场中高次谐波的产生

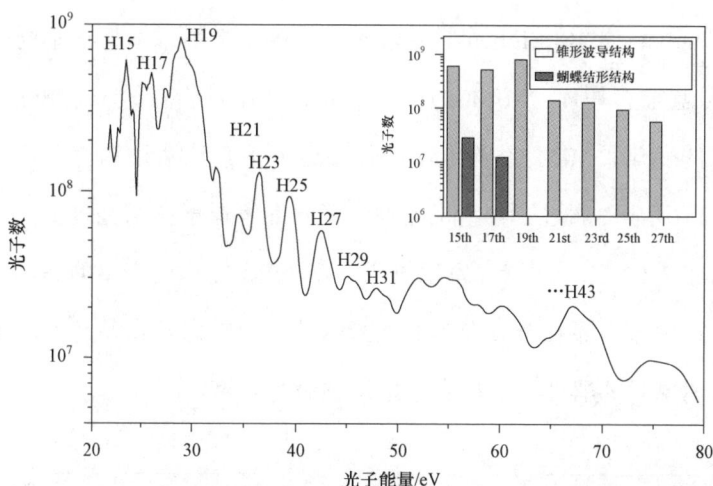

图 3-15　三维锥形波导结构增强场中高次谐波谱（内插图为该结构与
蝴蝶结形纳米结构在谐波效率和谐波能量方面的对比）

　　基片是纳米器件的重要组成部分，它不仅对光学效应有贡献而且与纳米结构之间也有相互作用。在 S.W.Kim 等人的纳米器件中，蝴蝶结形尖端结构直接与蓝宝石基片接触。2017 年，H.Ebadian 和 M.Mohebbi 提出了利用表面等离子体激元与金属-绝缘体-金属（MIM）结构相耦合的方法产生非均匀场。如图 3-16 所示，蝴蝶结形金属结构与蓝宝石绝缘基片直接接触，并在蓝宝石基片的底部镀有金薄膜，构成 MIM 结构。由于光波趋向于较高的折射率，底部金属纳米结构与蓝宝石绝缘基片直接接触，而顶部与空气直接接触，这导致在底部由于有效折射率较高，底部激光的强度要大于顶部。

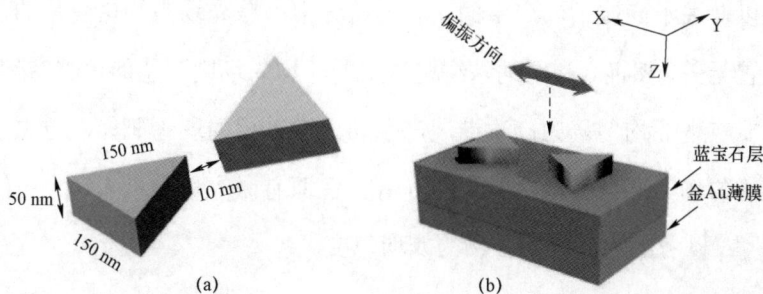

图 3-16　不同类型纳米结构（a）蝴蝶结形结构；（b）金属-绝缘体-金属结构

　　H. Ebadian 和 M.Mohebbi 通过对比蝴蝶结形纳米结构在不同的基片上（如真空、蓝宝石基片、MIM 结构）场强的增强因子，发现随蝴蝶结形纳米结构间隔的变化，MIM 结构上的场强要远大于其他两种基片上的场强，如图 3-17（a）所示。通过三种纳米器件分别研究氢原子在增强场中高次谐波的产生，如图 3-17（b）所示。发现氢原子在 MIM 结构中产生的高次谐波的截止位置要远大于不添加金属薄膜的纳米器件。换言之，在基片上添加金属薄膜比无金属薄膜的器件，能更有效地增强激光强度。

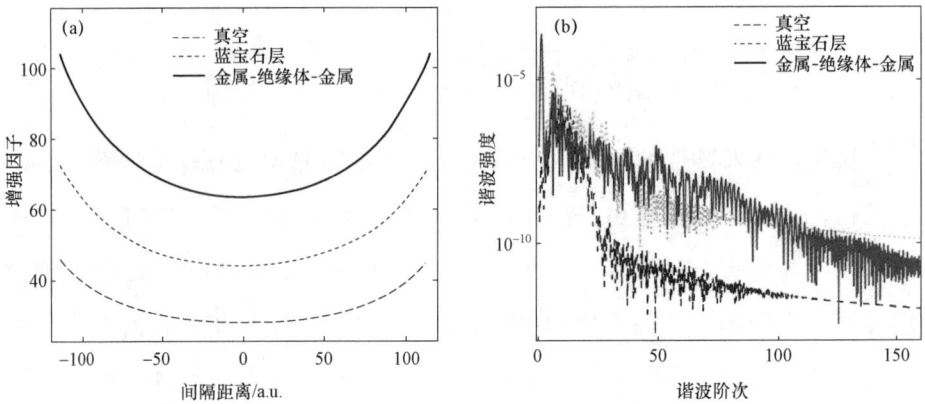

图 3-17　（a）不同基片上场增强因子随蝴蝶结形纳米结构间隔距离的变化；（b）不同纳米结构增强场中产生的高次谐波谱

3.2.2　非均匀场中高次谐波产生研究简介

　　在以前关于高次谐波产生的动力学研究中，激光场是均匀变化的，与电子的位置无关。然而，利用纳米结构产生的非均匀场则与空间位置密切相关。因此，要实现非均匀场中高次谐波产生动力学过程的理论研究，首先要准确模拟非均匀场。2011 年，A.Husakou 等人在原有激光场中引入一个一阶倒数项 $1/d_{inh}$，以考虑等离子增强场的非均匀度：

$$E(x,t) = E(t)(1 + x/d_{inh}) \qquad (3\text{-}8)$$

在上式中 $E(t)$ 表示入射激光的电场，x 表示电子的空间位置。通过一阶形式的理论模拟，发现激光强度可以增强三个数量级。该结果与 S.W.Kim 等人的实验结果吻合。因此，公式（3-8）可以很好地模拟金属纳米结构附近产生的增强场，极大简化了非均匀激光场的形式，并被广泛地应用在理论研究中。

有限元方法也可用于拟合蝴蝶结形纳米结构产生的非均场。如图 3-18 所示，第一列为蝴蝶结形纳米结构，第二列为拟合结果，其中虚线为多项式拟合且可以写成：

$$k(x) = \sum\nolimits_i c_i x^i \qquad （3-9）$$

非均场则表示为：

$$E(x,t) = E(t)(1 + sk(x)) \qquad （3-10）$$

其中 $s = 0$，1 用来充当非均匀场的开关。

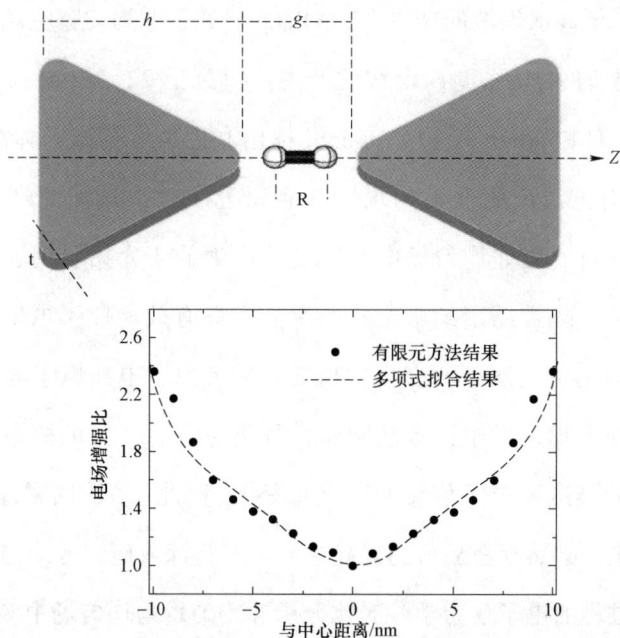

图 3-18　第一列为蝴蝶结形纳米结构，第二列图中点代表有限元方法得到的随空间变化的场增强比，曲线为多项式拟合得到的结果

随着非均匀场理论模拟的逐渐完善，非均匀场中高次谐波产生的研究也取得丰硕的成果。I.Yavuz 等人探究了固定核间距条件下，H_2^+ 体系在非均匀场中谐波的产生，发现电子在外场中获得的最大能量可以稳定在 $4U_p$。此外，该团队研究了 4 o.c.，800 nm 激光作用下，在引入非均匀参数后氢原子高次谐波的产生。他们发现，选取合适的非均匀参数，可获得超连续谱并得到 130 as 的孤立阿秒脉冲。P.X.Lu 等人讨论了少周期中红外非均匀场中超短孤立阿秒脉冲的获得，并且发现在傅里叶变换极限要求下，超短阿秒脉冲的获得依赖于激光载波包络相位的变化。R.F.Lu 等人通过求解柱坐标系下的三维含时薛定谔方程，利用双色非均匀场分别获得了脉宽为 5.6 as 及 8.8 as 的孤立阿秒脉冲。C.Zagoya 等人提出了相位-空间分析法，用来分析非均场的特性。在非均匀场中，体系的动力学过程可以分为高频振荡和低频振荡两种类型，其中低频振荡可以提高谐波的截止能量。M.Lewenstein 等人讨论了非均场中里德堡原子高次谐波的产生。L.Q.Feng 研究了非均匀啁啾场中，处于不同初始振动态的 H_2^+ 体系高次谐波的产生，得到了 $22\sim52$ as 的孤立阿秒脉冲。2017 年，H.Ebadian 和 M.Mohebbi 提出利用表面等离子体激元与 MIM 结构相耦合的方法产生非均匀场，并且研究了高次谐波的产生。此外，P.X.Lu 等人则将一维非均匀场中高次谐波产生的研究拓展到了二维非均匀场中，通过调节蝴蝶结形纳米结构的空间布局有效操控了电子的运动。综上有关非均匀场中高次谐波产生的研究，只考虑了电离电子与母核的一次回碰过程。在非均匀场中，多次回碰过程仍然会有一定的概率存在，但由于非均匀场的强度随电子位置的变化而变化。因此，多次回碰过程与均匀场中的情况相比，必然存在显著的差异性。本节将深入研究非均匀场中 He 体系多次回碰过程的电子动力学，对比分析非均匀场与均匀场中多次回碰过程的异同点，总结非均匀场中原子体系谐波发射的规律。

3.2.3　理论方法

量子计算：单电子近似和偶极近似条件下，非均匀场中 He 体系的一维含时薛定谔方程中哈密顿量可以表示为：

$$\hat{H} = -\frac{1}{2}\frac{\partial^2}{\partial x^2} + V_C(x) + \int E(x',t)\,\mathrm{d}x' \tag{3-11}$$

$\int E(x',t)\,\mathrm{d}x'$ 为非均匀场与 He 的相互作用势。本节中非均匀场 $E(x,t)$ 的形式与 X.Cao 等人 T.Shaaran 等人的研究类似。当非均匀度较小时，该形式可有效描述纳米结构尖端产生的增强场：

$$E(x,t) = E(t)(1+\beta x) \tag{3-12}$$

$$E(t) = E_0 \sin^2(\pi t/t_d)\cos(\omega t + \phi) \tag{3-13}$$

上式中非均匀场总持续时间 t_d 取值为 4 o.c.，激光频率 ω 为 0.057 a.u.。E_0 和 ϕ 为激光电场的峰值强度和载波包络相位（CEP），β 为非均匀参数。$\beta = 0$ 对应激光强度为 1.0×10^{15} W/cm^2。本节 CEP 均取 0，除非另作说明。

偶极加速度 d_A（t）则表示为：

$$d_A(t) = <\psi(x,t)\left| -\frac{\partial V(x,t)}{\partial x} \right| \psi(x,t) > \tag{3-14}$$

$$V(x,t) = V_C(x) + \int E(x',t)\,\mathrm{d}x' \tag{3-15}$$

经典计算中的加速度则可以表示为：

$$\ddot{x}(t) = -(1+\beta x)E_0 \sin^2(\pi t/t_d)\cos(\omega t + \phi) \tag{3-16}$$

3.2.4　数值结果与讨论

从图 3-19（a）到图 3-19（d）分别给出了非均匀参数 β 从 0 到 0.006 5 的谐波谱图（实线）及相应的经典回碰动能图。为了便于观察，横轴所代表的谐波能量不包含电离能。如图 3-19（a）所示，当 $\beta = 0$（即均匀场），电子在外场中获得的最大动能为 $3.17\,U_p$。然而，随着 β 的增加，在非均匀场中电子获得的最大动能远大于均匀场中的最大动能。基于以前各小组的研究，可知这主要是由非均匀场中电子在 2.2 o.c.附近的再加速过程造成的。当 $\beta = 0.005$时，基于量子计算得到的最大能量（如箭头所示）与基于经典计算，电子经过一次回碰在外场中获得的最大动能（竖直虚线）相吻合。该结果与均匀场中，电子经过一次回碰获得的能量最大这一规律完全一致。然而，如图 3-19（c）和 3-19（d）所示，当 β 值从 0.005 5 增至 0.006 5 时，基于两种数值模拟方法得到的能量差逐渐增大。

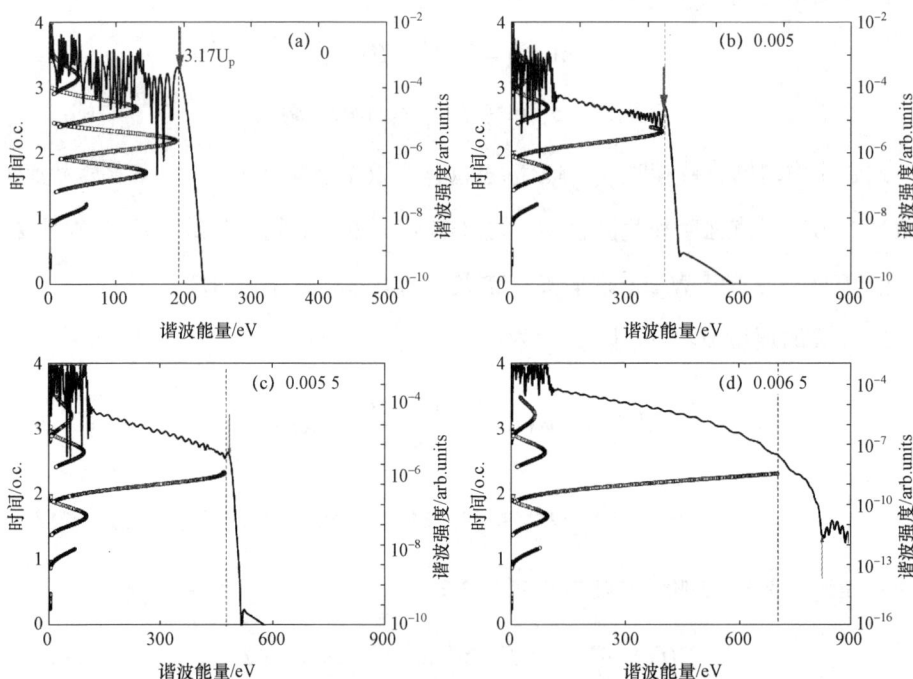

图 3-19 （a）～（d）非均匀参数 β 从 0 增大到 0.006 5 时 He 体系在非均匀场中的谐波谱图和经典回碰动能图，图中谐波能量不包含电离能。

在非均匀场中，为什么会随非均匀参数的增大出现量子模拟与经典模拟无法吻合的现象呢？为了了解电子的动力学过程，建立了非均匀场中 He 体系谐波发射的物理图像。如图 3-20（a）所示，激光电场中 A、B、C、D 和 E

五个峰值均可贡献谐波的产生。电子首先在 A 附近电离，接着在外场中加速，0.5 o.c.之后激光场反向，电离电子返回并与母核在 B 附近复合，即 R_1 过程。同理，电子也可以分别在 B、C 和 D 附近电离，在 C、D 和 E 附近复合。在这四个谐波产生的过程中，发射谐波光子前电离电子均与母核相遇一次，即上节中提到的一次回碰（1st）过程。此外，在 B 附近返回的电子可能错过母核，在外场中继续加速，最后在 C 附近与母核复合即 R'_1 过程。该过程电子会与母核相遇两次，即二次回碰（2nd）过程。在 B 和 C 附近电离的电子，在 D 和 E 附近也可以发生 2nd 过程。基于"三步模型"，激光场中的不同峰值可对应不同的谐波能量。因此，峰值 B、D 和 E 对应谐波的平台区域，而截止能量则由最大峰值即峰值 C 所决定的。下面主要针对峰值 C 附近的回碰过程，详细分析图 3-19 中两种计算模型出现能量差异的电子动力学过程。

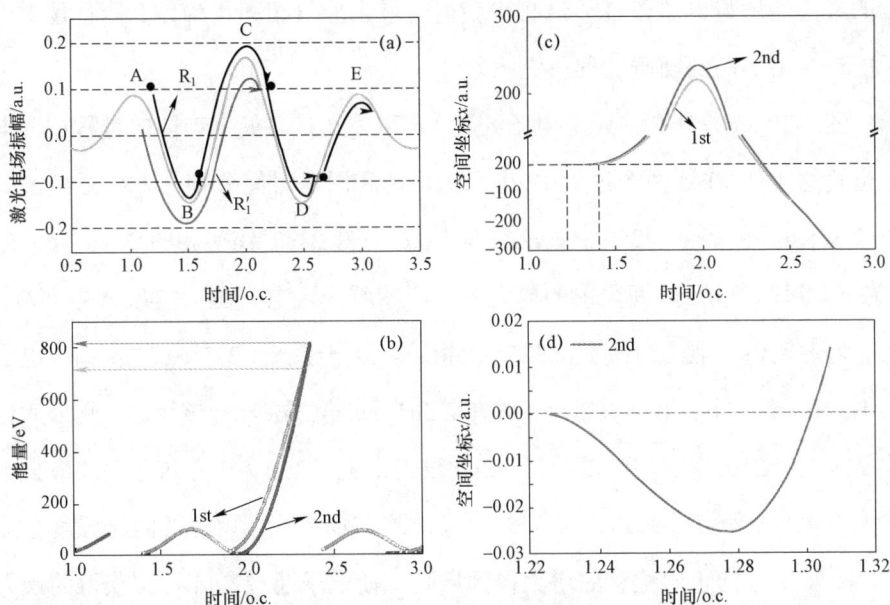

图 3-20 （a）$x = 0$ a.u.时从 0.5 o.c.到 3.5 o.c.的非均匀电场,实心圆代表电子。（b）$\beta = 0.0065$ 时 1st 和 2nd 过程对应的经典回碰动能图。（c）电子经过 1st 和 2nd 获得最大动能的过程中对应电子位置的变化。（d）为（c）图在 1.22 o.c.到 1.32 o.c.时间区域的放大图

根据图 3-20（a）中关于电子动力学过程的描述，可知在峰值 B 附近电离并在峰值 C 附近复合的 1st 过程，与在峰值 A 附近电离并在峰值 C 附近复合的 2nd 过程同时贡献于峰值 C 附近的谐波发射。然而，这两个过程对 C 附近谐波的贡献却随着 β 的变化而发生改变。当 $\beta = 0$ 时，电子经过 1st 所获得的最大动能大于 2nd 过程，谐波的截止能量由 1st 过程决定。然而，当 β 改变时，根据公式（3-12）可知，激光强度与电子位置密切相关。因此，在非均匀场中，多次回碰过程会表现出与均匀场中不同的特性。为了进一步了解非均匀场中 He 体系谐波发射时电子的动力学过程，通过求解牛顿方程，在图 3-20（b）给出了 $\beta = 0.006\,5$ 时，电子经过 1st 和 2nd 过程获得的动能。进一步证明了这两个过程同时贡献于图 3-20（a）中 C 峰值附近谐波的产生。需要注意的是，经过 2nd 获得的最大动能（812 eV）与图 3-19（d）中谐波谱的最大能量相同，而该能量大于经过 1st 获得的最大动能（704 eV）。在均匀场中，谐波的最大能量与电子在 1st 过程中获得的最大能量相同，为什么两种场中最大能量会由不同的回碰过程决定呢？

图 3-20（c）分别描述了电子经过 1st 和 2nd 获得最大动能的过程中，电子位置的改变。在这两个过程中，电子的电离和回碰时间分别为 $t_i = 1.324$ o.c.，$t_r = 2.325$ o.c. 和 $t_i = 1.225$ o.c.，$t_r = 2.341$ o.c.。图 3-20（d）为图 3-20（c）从 1.22 o.c. 到 1.32 o.c. 时间段内的放大图。如图所示，电子在 1.324 o.c. 电离时，在非均匀场中只能与母核在 2.325 o.c. 相遇。当电子在 1.225 o.c. 电离时，电子在 1.301 o.c. 与母核第一次错过，并在 2.341 o.c. 第二次与母核相遇，复合后释放高能光子。从图中还可以看到，2nd 过程中电子在 $x > 0$ 方向运动的最大位移大于 1st 过程。根据公式（3-12），在非均匀场中，C 附近的激光强度会随着电子在 x 方向正向位移的增大得到增强，使电子通过 2nd 过程获得的最大动能大于 1st 过程。因而，在较大的非均匀参数条件下，谐波的截止能量由 2nd 过程决定。

为了验证这一结果的普遍性，图 3-21（a）和图 3-21（b）分别给出了激光强度为 9.0×10^{14} W/cm^2 以及 9.5×10^{14} W/cm^2，从 $\beta = 0.005$ 到 $\beta = 0.006\ 8$，谐波能量随非均匀参数的变化。实心圆和五角星分别代表 1st 过程和 2nd 过程中电子获得的最大动能。从图中可以明显看出，不同激强度的条件下，当 β 的取值较小时谐波的截止能量均由 1st 过程决定。然而，随着 β 取值的增大，非均匀场中则由 2nd 过程决定谐波的截止能量。不同激光强度条件下，谐波截止能是由 2nd 过程决定时对应的 β 取值不同：在 9.0×10^{14} W/cm^2 时 $\beta >$ 0.006 4，在 9.5×10^{14} W/cm^2 时 $\beta > 0.006\ 2$。

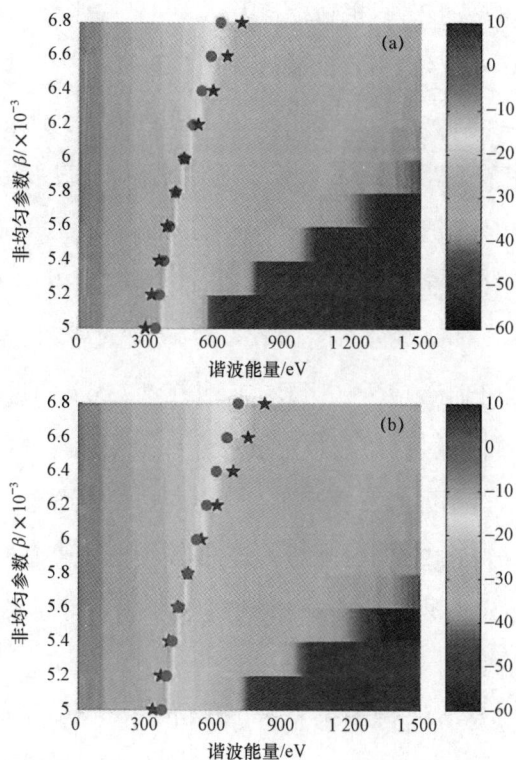

图 3-21 （a）和（d）谐波能量随非均匀参数的变化，从 $\beta = 0.005$ 到 $\beta = 0.006\ 8$ 间隔为 $\beta = 0.000\ 2$：（a）9.0×10^{14} W/cm^2；（b）9.5×10^{14} W/cm^2。圆和五角星分别代表 1st 和 2nd 过程电子获得的最大动能

为深入了解较大的非均匀参数条件下，He 体系谐波产生的动力学过程，图 3-22（a）给出了图 3-19（d）所对应的时频分布图，而且在图中叠加了 1st

过程和 2nd 过程的经典动能图。从图中可以看出，除 2.2 o.c 附近的弓形结构外，量子计算结果与经典计算结果可以非常好地吻合。结合图 3-20（a）中非均匀场中的电子动力学图像，部分电子波包在连续态通过 1st 过程获得动能 E_1，而其他电子波包则通过 2nd 过程在连续态上获得动能 E_2。携带不同能量的电子波包，在激光场反向后开始向母核运动。在与母核复合的过程中，这两类电子波包会相互干涉同时释放出能量为 $|E_1 - E_2|$ 的光子，也就是连续-连续谐波（continuum-continuum harmonics）。为了进一步分辨这一通道，通过求解牛顿方程，计算 1st 过程与 2nd 过程能量差随时间的变化，刚好与时频图中 2.2 o.c.附近的弓形结构相吻合。因此，这一弓形结构可以认为是连续-连续谐波通道。换句话说，多次回碰过程在非均匀场中可以引起连续-连续谐波通道的形成。图 3-22（b）给出了 $\phi = 0$ 且 $\beta = 0.006\ 5$ 所对应的非均匀场示意图。从图中可以看到，在 2 o.c.附近 x 正向的激光强度要远大于 x 负向的激光强度，即非均匀场激光的强度对 CEP 十分敏感。那么，CEP 对非均匀场中谐波的产生又有什么样的影响呢？图 3-22（c）为 CEP 由 $\phi = 0$ 改变为 $\phi = \pi$ 时，在 $\beta = 0.006\ 5$ 条件下的时频分布图。当 $\phi = \pi$ 时，1st 过程和 2nd 过程强度相当，此时，二者之间的干涉效应更加明显。而且在 2.75 o.c.附近，连续-连续谐波通道的强度比 $\phi = 0$ 时更强。下面将定量讨论 CEP 对该通道的影响。如图 3-22（c）中虚线框所示，不同的发射时间对应不同的量子通道，而且贡献于不同的谐波能量。例如，在 2.75 o.c.附近，连续-连续谐波通道贡献 85 eV 的谐波能量。因此，在特定谐波发射时刻选取特定的能量，可用来评估连续-连续谐波通道的贡献。

图 3-23（a）为 $\beta = 0.006\ 5$ 且激光强度为 1.0×10^{15} W/cm^2 的余弦非均匀场中连续-连续通道在不同 CEP 条件下对谐波的贡献。空心圆代表相位由 $\phi = 0$ 变到 $\phi = 0.4\pi$，实心圆代表 CEP 由 $\phi = \pi$ 到 $\phi = 1.4\pi$。图中选取连续-连续谐波强度最大时所对应的能量值。在 $\phi = \pi$ 到 $\phi = 1.4\pi$ 的相位变化范围内，该通道的强度大约比 $\phi = 0$ 到 $\phi = 0.4\pi$ 这一范围内的强度高三个数量级。当非均匀场变为正弦场：

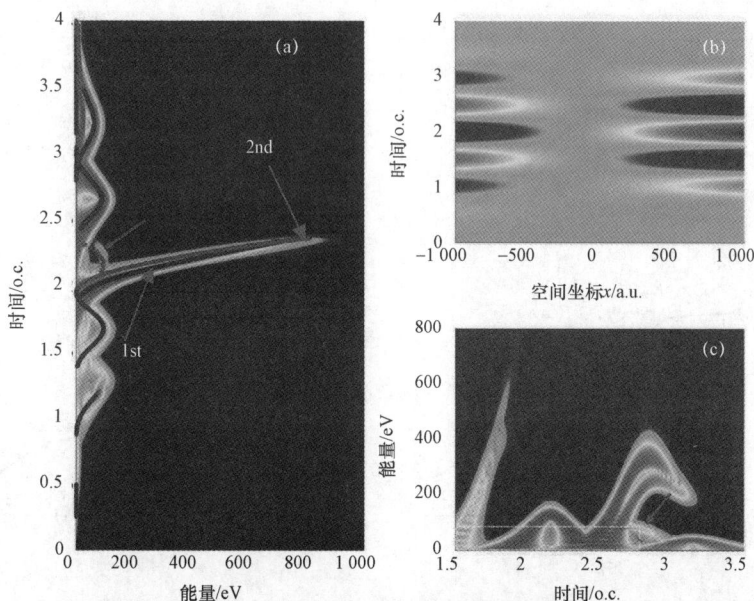

图 3-22　(a) 图 3-19 (d) 中激光所对应的时频分布图及经典回碰动能图；
(b) 强度为 1.0×10^{15} W/cm^2 且 $\phi = 0$ 时空间非均匀场分布；
(c) $\phi = \pi$ 时从 1.5 o.c.到 3.5 o.c.对应的时频分布图

$$E(x,t) = E_0 \sin^2(\pi t / t_d) \sin(\omega t + \phi)(1 + \beta x) \qquad (3\text{-}17)$$

可以得到类似的结果，如图 3-23 (b) 所示。为了解释这一现象，图 3-24 给出了余弦非均匀场和正弦非均匀场随 CEP 的变化。对于余弦场和正弦场而言相对相位差为 0.5π，二者在空间变化上基本相似。通过对比相位从 π 变为 1.4π 时两种场的变化，进一步研究 CEP 的影响。分别选择 P_1 和 P_2 的变化，表征余弦场和正弦场的改变。当 CEP 从 π 变为 1.4π 时，P_1 和 P_2 均向较早的时刻移动，而且空间变化类似。换句话说，随着 CEP 的改变，余弦场和正弦场在时间和空间维度变化趋势相似。因此，相应的电子运动也会呈现出相似的规律。余弦场中 0.5π 到 0.9π（1.5π 到 1.9π）对应正弦场中 π 到 1.4π（0 到 0.4π）的数值结果。当 CEP 为 0.5π（π）时，余弦（正弦）场中连续-连续谐波通道最强。综上所述，通过调节少周期激光脉冲的截波包络相位，可以控制多次回碰过程以及连续-连续谐波通道。

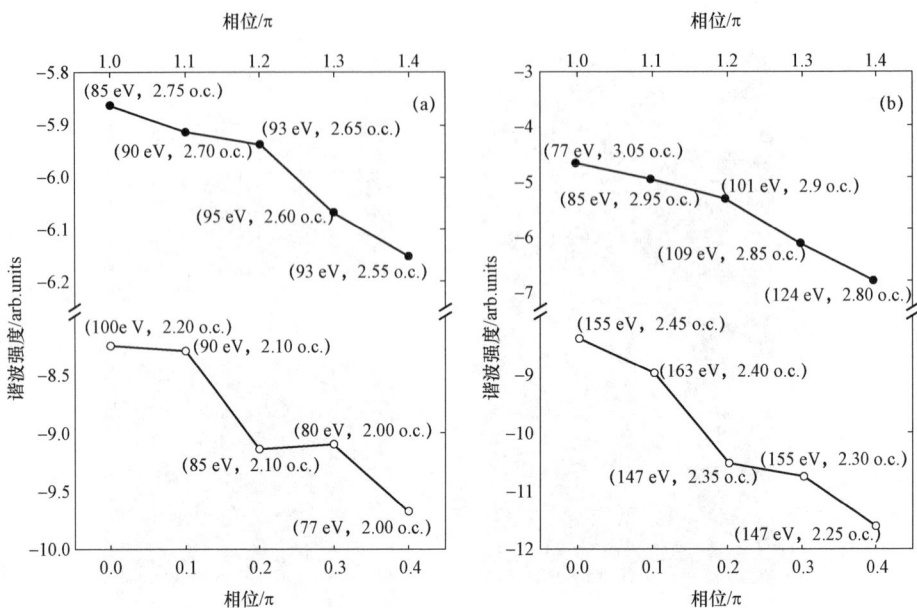

图 3-23 $\beta = 0.006\,5$ 时连续-连续谐波发射强度随相位（CEP）的变化：
从 0 到 0.4π（空心圆）以及从 π 到 1.4π（实心圆）：（a）非均匀场为
$$E(x,t) = E_0 \sin^2(\pi t / t_d)\cos(\omega t + \phi)(1 + \beta x);（b）非均匀场为$$
$$E(x,t) = E_0 \sin^2(\pi t / t_d)\sin(\omega t + \phi)(1 + \beta x)。$$

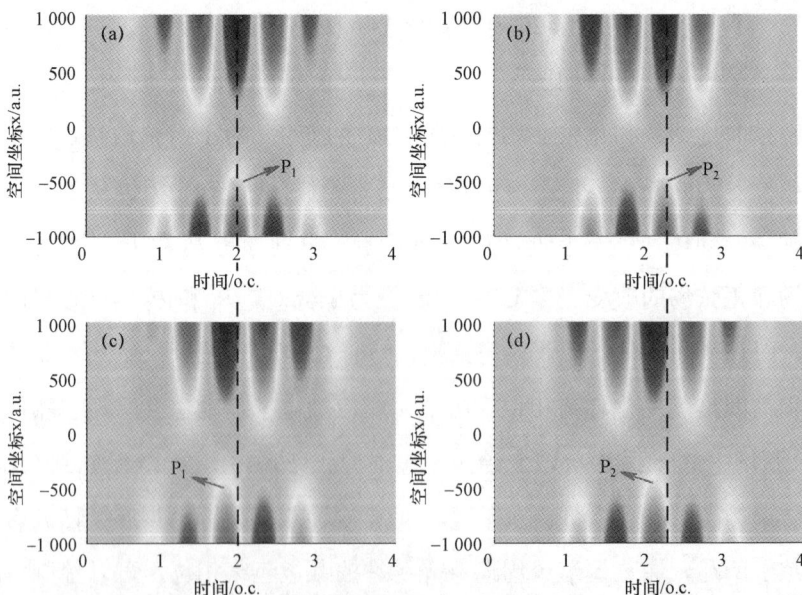

图 3-24 第一列和第二列分别为余弦非均匀场和正弦非均匀场。第一行和第二行所对应
的 CEP 分别为 π 和 1.4π

3.2.5　小结

　　本节通过求解含时薛定谔方程和牛顿方程，研究非均匀场中原子体系谐波发射的多次回碰过程。量子计算结果和经典计算结果均表明，在非均匀场中多次回碰过程同样贡献谐波的发射，并且表现出与均匀场中不同的特点。随着非均匀参数的增加，二次回碰的最大动能逐渐大于一次回碰的最大动能。换言之，二次回碰过程在较大的非均匀参数条件下决定谐波的截止能量。此外，两个回碰过程之间的干涉会导致连续-连续谐波的产生，而且在正余弦非均匀场中对载波包络相位的依赖性相似。通过本节内容的研究建立了原子体系在非均匀场中谐波发射的物理图像，完善了强激光场中原子体系谐波发射的动力学研究，也为分子体系谐波发射的动力学研究奠定了基础。

第4章　对称分子体系高次谐波产生的动力学研究

4.1　H_2^+体系多次回碰现象的电子动力学研究

4.1.1　研究背景

在强场领域，有关原子体系高谐波的产生，人们已经有了深入的了解，并根据"三步模型"对高次谐波谱截止位置给出了有效解释。在原子高次谐波产生的基础上，涉及结构更加复杂，自由度更高的分子体系产生高次谐波的过程，同样吸引了大量的研究者。M.Lein 等人在核间距为 2 a.u.时，研究了不同倾向角条件下，由双中心干涉引起 H_2 体系高次谐波的极小值。由于电离电子在复合过程中，既可以与基态复合也可以与激发态复合，高次谐波产生过程更加复杂 L.B.Madsen 等人发现在平衡位置附近，由于基态与激发态之间的耦合作用较弱，H_2^+体系谐波上出现的极小值与双中心干涉导致的极小值位置基本吻合。然而，随着核间距的增大，激发态的贡献增加，两态之间耦合作用逐渐增强。在谐波谱上，极小值的位置与双中心干涉引起的最小值位置存在明显偏差。实际上，该极小值主要是由轨道干涉引发，与双中心干涉效应无关。对于分子体系而言，核运动会改变核间距，不同的核间距条件下，谐波产生过程中电子的动力学过程不同。因而，谐波发射过程中核的动力学过程受到广泛关注。M.Lein 等人从理论上验证了核运动在分子谐波发射过程中的重要作用，而且得到 S.Baker 等人的实验验证；南京理工大学陆瑞锋研究小组在中红外激光脉冲作用下，研究不同振动态条件下 H_2^+ 体系谐波的产生。结果表明，由各振动态之间跃迁造成的低阶谐波平台区域（即分子平台）的效率要远远高于主平台（即原子平台）的谐波效率。在相位补偿的基础上，利用分子平台合成了脉宽为 96 as 的孤立阿秒脉冲；上海光学精密机械研究所徐至展研究小组发现 H_2^+ 体系谐波效率随着波长的增加而减弱且遵守 $\lambda^{-(7-8)}$。

如上所述，分子谐波发射的物理图像只考虑了电子与核的一次回碰过程。然而，当外加激光场波长较长时，对于双原子分子体系，电离电子不仅可以与母核复合，也可以与邻核复合。甚至可能与核多次相遇，即多次回碰过程贡献分子体系谐波的产生。因此，要准确把握分子高次谐波产生的动力学过程，全面考虑分子高次谐波产生过程中的多次回碰现象显得尤为重要。本节将通过求解一维和三维含时薛定谔方程，探究不同核间距条件下分子体系多次回碰过程的电子动力学机制，分别建立与母核复合和与邻核复合的多次回碰过程的物理图像，分辨各阶回碰通道。

4.1.2　理论方法

以 H_2^+ 为研究对象，选取基态为初始态，假设线性激光沿分子的轴向，相应一维含时薛定谔方程可以表示为：

$$i\frac{\partial \psi(z,t)}{\partial t} = H(z,t)\psi(z,t) \tag{4-1}$$

$$H(z,t) = -\frac{1}{2}\frac{\partial^2}{\partial z^2} + V_c(z) + \kappa z E(t) \tag{4-2}$$

$$V_c(z) = \frac{1}{R} - \frac{1}{\sqrt{(z-R/2)^2+1}} - \frac{1}{\sqrt{(z+R/2)^2+1}} \tag{4-3}$$

为了使计算收敛选取的参数如下：在电子坐标 z 方向从 $-1\,000$ a.u.到 $1\,000$ a.u.划分为 $10\,000$ 个格点，相应的时间步长为 0.02 a.u.，R 为核间距。

在柱坐标系下，当激光沿 z 轴方向时，三维含时薛定谔方程可以表示为：

$$i\frac{\partial \psi(z,\rho;t)}{\partial t} = [T_z + T_\rho + V_c(z,\rho) + zE(t)] \tag{4-4}$$

$$T_z = -\frac{2m_p + m_e}{4m_p m_e}\frac{\partial^2}{\partial z^2}, \quad T_\rho = -\frac{2m_p + m_e}{4m_p m_e}\left(\frac{\partial^2}{\partial \rho^2} + \frac{1}{\rho}\frac{\partial}{\partial \rho}\right) \quad （4\text{-}5）$$

$$V_c(z,\rho) = 1/R - 1/\sqrt{(z-R/2)^2+\rho^2} - 1/\sqrt{(z+R/2)^2+\rho^2} \quad （4\text{-}6）$$

m_p 和 m_e 分别代表电子和核的质量。相应的收敛参数分别为：在 z 方向从 -235 a.u.到 235 a.u.，在 ρ 方向从 0 a.u.到 15 a.u.，而且相应的格点数分别为 2 349 和 75。$E(t)$ 为激光场，时间步长为 0.02 a.u.。

4.1.3　计算结果及理论分析

在数值计算中，为了使分子体系多次回碰现象更直观，激光场的形式为 $E(t) = E_0\cos\omega t$。其中，波长为 1 600 nm，持续时间为 5 o.c.（1 o.c.=5.34 fs），激光强度为 2×10^{14} W/cm^2。图 4-1（a）为与母核复合的多次回碰物理图像，图 4-1(b)为与邻核复合的多次回碰物理图像。N_1 和 N_2 分别指处于 $R/2$ 和 $-R/2$ 位置的两个核。由于 H$_2^+$ 体系的对称性，电子在两核周围的运动同样呈现出对称性。在讨论中，以 N_1 核周围电子的运动为例进行分析。

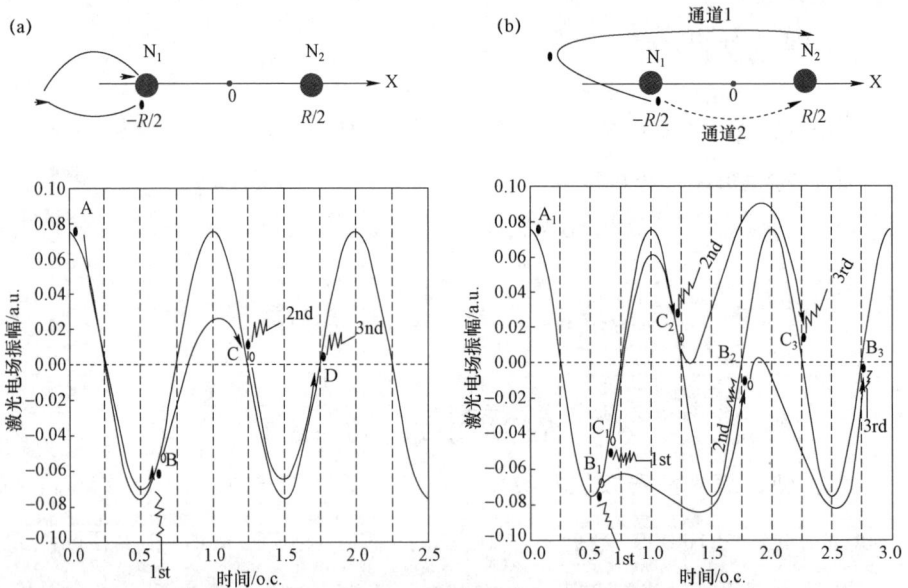

图 4-1 　（a）和（b）分别为与母核和与邻核复合时电子运动示意图。空心圆代表未散射的电子

图 4-1（a）中 N_1 核周围的电子在 A 附近电离，在激光场的作用下做加速运动。当激光反向后，电子返回 N_1 核并在 B 附近复合，该过程为与母核复合的一次回碰过程（即 1st 过程）。然而在该过程中，电子可能会在 B 附近错过母核，在外场中继续加速，当激光再次反向时，在 C 附近与 N_1 核复合发射谐波光子，该过程为二次回碰过程（即 2nd 过程）。同理，电子可能在 C 附近错过母核，在 D 附近发生复合，即三次回碰过程（即 3rd 过程）。因激光持续作用，电子可以继续与 N_1 核发生高阶回碰。因此，在长周期激光脉冲的作用下，对于分子体系而言同样存在多次回碰过程。在与母核复合的过程中，电子表现出与原子体系相同的动力学特点。此外，基于与母核复合的多次回碰过程，可以建立与邻核复合的多次回碰过程物理图像。如图 4-1（b）所示，在 A_1 附近，N_1 核周围电离的电子会经过完整的电离-加速-回碰过程，在 C_1 附近与 N_2 复合并释放出高能光子，即与邻核复合的通道 1 过程。事实上，在"三步模型"中真实的加速过程是一个加速-减速-加速的过程。在减速阶段，激光场为负值，基于双势阱模型，此时 N_1 核的势阱被抬高而 N_2 核的势阱被压低。在激光反向之前，电子可以直接从 N_1 核的势阱跃迁到 N_2 核的势阱，并释放出低能光子，即与邻核复合的通道 2 过程。对于通道 1 过程，电离电子可能在 C_1 附近继续加速，并在 C_2 附近第二次与 N_2 核复合释放谐波光子。同理，也可能在 C_3 附近出现第三次复合。由于通道 2 过程主要发生在负向激光场中。因而，相应的 2nd 和 3rd 过程出现在 B_2 和 B_3 附近。

为了进一步分辨这些过程，图 4-2（a）和图 4-2（b）中分别给出了小核间距 $R = 2$ a.u.（相应的电离势为 1.25 a.u.）一维和三维条件下的时频分布图。从图 4-2（a）和图 4-2（b）中可以看出，两种模型下时频图中的结构类似只是强度不同。因为对于三维计算而言，激光是沿 z 轴的线性偏振激光，电子沿 ρ 轴的运动对谐波发射的影响较小。为了提高计算效率，数值计算主要在一维条件下进行。图 4-2（a）中存在多个复合通道，而且计算结果与 J.Tate 等人的结果类似。也就是说，在小核间距条件下分子体系的谐波发射与原子体系具有相似的特点。为了进一步了解在分子谐波发射过程的电子运动,可求解电子的经典运动方程,t_i 和 t_r 分别为电离时间和回碰时间:

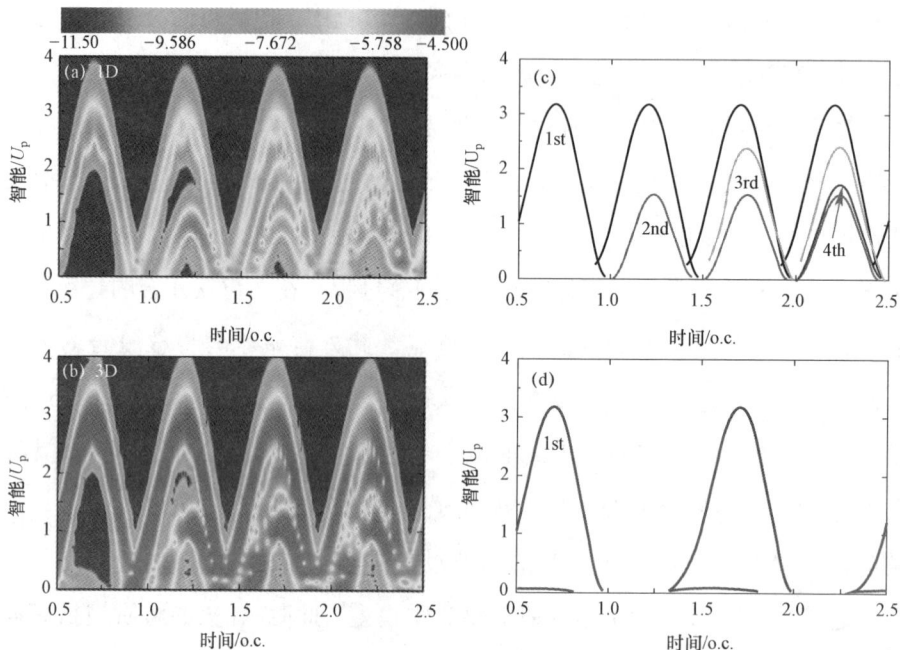

图 4-2 (a)和(b)分别为 $R = 2$ a.u.时,一维和三维模型下 H_2^+ 的时频分布图。(c)和(d)代表 N_1 核周围电离的电子分别与 N_1 核和 N_2 核复合时经典回碰动能图。

$$v(t) = -\int_{t_i}^{t_r} E(t)\,\mathrm{d}t = -\frac{E_0}{w}[\sin(wt_r) - \sin(wt_i)] \qquad (4-7)$$

$$z(t) = -\int_{t_i}^{t_r} v(t)\,\mathrm{d}t = \frac{E_0}{w^2}[\cos(wt_r) - \cos(wt_i) + \sin(wt_i)(t_r - t_i)] \qquad (4-8)$$

对于从 N_1 核周围电离的电子,与母核(N_1 核)回碰时 $z(t) = -R/2$,也就是满足以下方程:

$$\frac{E_0}{w^2}[\cos(wt_r) - \cos(wt_i) + \sin(wt_i)(t_r - t_i)] = 0 \qquad (4-9)$$

图 4-2 (c)为与母核复合的经典回碰动能图,与原子体系的情况类似。结合图 4-1 (a)所述,可知 1st、2nd、3rd、4th 分别对应母核复合的一次、二次、三次、四次回碰过程。此外,对于分子体系而言,电离电子不仅可以与母核复合还可以同邻核(即 N_2 核)复合,此时满足 $z(t) = R/2$,即:

$$\frac{E_0}{w^2}[\cos(wt_r) - \cos(wt_i) + \sin(wt_i)(t_r - t_i)] = R \qquad (4\text{-}10)$$

由于 $R \ll E_0/\omega^2$，公式（4-9）与公式（4-10）近似相等，因此，在较小的核间距条件下，与邻核复合的截止能量与母核复合的截止能量基本相等。如图 4-2（d）所示，经过 1st 过程与邻核 N_2 复合的截止能量也为 3.17 U_p。然而，二者之间仍然存在着一定的差异：一方面，与邻核复合时仍存在一个低能通道；另一方面，对于 N_1 核而言，每半个光周期发生一次与母核的复合，而与邻核的复合则是每一个光周期发生一次。

为了揭示其中的物理机制，图 4-3（a）～（d）提供了不同核间距（2 a.u.、7 a.u.及 10 a.u.）以及不同波长条件下经典回碰动能图，其中 $R = 7$ a.u.与 $R = 10$ a.u.对应的电离势分别为 0.81 a.u.和 0.77 a.u.。波长分别为 800 nm、1 200 nm、1 600 nm。波长变化的过程中激光的峰值强度与图 4-1 强度一致。从图中可以很明显看出，随着波长的改变，在特定的核间距条件下，低能通道的截止能量几乎不发生改变（如箭头所指）。也就是说，该通道对激光参数并不敏感。在较小的核间距条件下，电子与邻核复合时，库仑势对电子的运动影响较大，N_1 核周围的电子可能直接与 N_2 核复合（即分子内部的跃迁）。余超等人指出分子内部跃迁通道对应的截止能量只与核间距和激光的峰值强度有关，而且满足 $E_{cutoff} = E_0 R$。根据该公式可知在核间距为 2 a.u.、7 a.u.及 10 a.u.时，相应的能量值分别为 4.10 eV、13.74 eV 及 20.54 eV。基于"三步模型"得到的能量，如经典图 4-3（a）～（d）中所示分别为 3.72 eV，13.74 eV 及 19.81 eV。该能量值与理论计算得到的能量值相近。因此，在小核间距条件下，贡献于低能区域的通道可以看作是分子内部的跃迁通道。为了证实上文的分析，可以结合激光场进一步分析该通道的特点。如双箭头所示，低能通道周期性出现在负向激光场中。从图 4-1（b）中有关于邻核复合通道的相关分析可知，当激光处于负向时，N_1 核周围的电子可以直接跃迁到 N_2 核周围（通道 2）。因而，对于不同核周围的电子，通过邻核复合与通过母核复合产生谐波的过程，出现在不同的光周期。同时，进一步证明电子在两核间的直接跃迁通道贡献谐波低能区域。

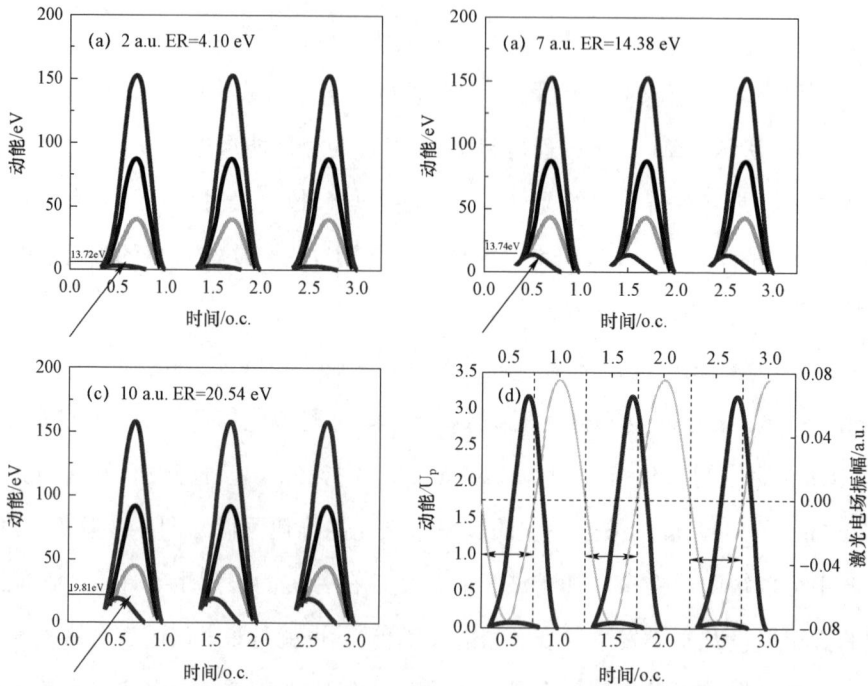

图 4-3　核间距分别为 2 a.u.、7 a.u.和 10 a.u.时（a）～（c）H$_2^+$经典回碰动能图。能量由低到高对应波长分别为 800 nm、1 200 nm 和 1 600 nm。（d）在强激光场中波长为 1 600 nm 且核间距为 2 a.u.时 H$_2^+$经典回碰动能图。

对于与母核复合的多次回碰过程而言，其相应的物理机制与原子体系的多次回碰过程相似，而且相应各阶回碰的最大能量与核间距的变化没有关系。然而与邻核复合的多次回碰过程却与核间距密切相关。P.Moreno 等人发现，当核间距达到（$2n+1$）$\pi E_0/\omega^2$（n 为整数），电子在外场中获得的能量可以拓展到 8 Up。在此基础上，兰鹏飞等人在核间距为 70 a.u.到 100 a.u.间，获得了脉宽为 100 as 的孤立阿秒脉冲。此外，M.Lein 和 J.M.Rost 也提出，在核间距为几百个原子单位的条件下，通过离子-原子之间的回碰可以获得超高能量的谐波。下面主要探究大核间距条件下，电离电子与邻核复合的多次回碰通道。图 4-4（a）～（c）给出了核间距分别为 0.5 α、1.0 α、1.5 α 条件下的量子计算结果，其中 $\alpha = E_0/\omega^2$ 为电子在外场中的震荡半径，激光波长和强度分别为 1 600 nm 与 2×10^{14} W/cm^2，所对应的震荡半径为 93 a.u.，且远大于平衡核间距。核间距为 0.5α 时，电离势为 0.69 a.u.，当核间距大于 α 时电离势将达到稳定大约为 0.68 a.u.。在大核间距条件下，双原子分子模型可以看成是原子-原子模型。这里主要讨论随核间距增加，电子与邻核复合的 1st 通道的变化。时频图中叠加的实线代表 N_1 核周围电子与邻核 N_2 复合时，在外场中获得的能量。从图中可以看出经典计算结果可以与量子计算结果可以很好地吻合。一方面，随着核间距的增加，从 N_1 核周围电离的电子加速时间变长，通过与邻核复合获得的能量增加；另一方面，两个邻核复合通道的复合时间差随核间距的增加而变小。对于延展分子而言，核与核之间的相互作用减弱，分子内部跃迁通道（通道 2）可看成电子在两个原子之间的电离-加速-复合过程（IAR）。当激光场为负值时，势阱发生改变，其中 N_1 核势阱变高而 N_2 核势阱则变低。此时，电子很容易脱离 N_1 核的束缚成为自由电子（即电离），随后电子在激光的作用下向 N_2 核运动（即加速）。最后，在激光反向前电子运动到 N_2 核的势阱并释放出谐波光子（即复合），整个过程经历约 0.5 o.c.。考虑到电离过程具有周期性，图 4-4（d）描述了从 0.00 o.c.到 1.00 o.c.时间段内，0.5α、1.0α、1.5α 条件下的经典电离图。在 0.25 o.c.之前，具有较迟电离时间的轨道对应高能通道的短量子路径(STH 通道，即通道 1 的短量子轨道)。对于 0.5α、1.0α、1.5α 的情况该电离通道分别标记为 S_1、S_2、S_3。在 0.25 o.c.之后，对于 IAR 过程的电离通道分别标记为 IT_1、IT_2 及 IT_3。从图中可以看出，随核间距的增加两个电离通道的时间差逐渐减小。对于较大的核间距，N_1 核周围的电子通过 IAR 通道会经历较长的时间才能到达 N_2 核，最终导致 IAR 通道与 STH 通道发射谐波的时间差减小。如 P.F.Lan 等人所述，随着核间距的增加通道 1 的长短量子路径发射时间差会逐渐减小。总而言之，对于延展分子，随着核间距的增加两个邻核复合通道会在相同的时刻发射谐波光子。此外，从时频分析图中可以看到，在大核间距条件下，会有更多通道贡献谐波的产生。那么对于邻核复合的多次回碰通道究竟又是怎样一个物理过程呢？

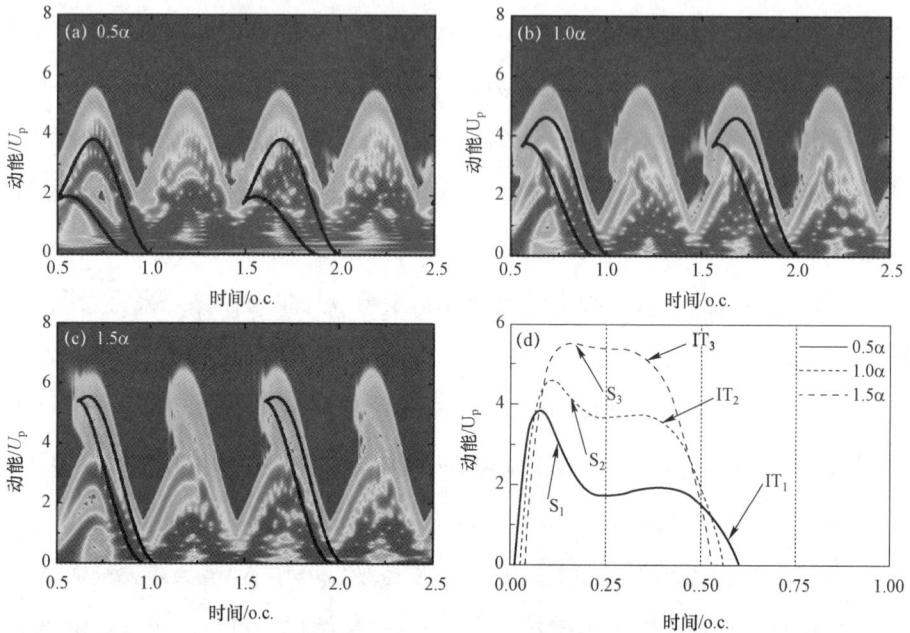

图 4-4 （a～c）核间距分别为 0.5α、1.0α 以及 1.5α 的时频分布图。
α 代表电子在激光场中最大的震荡半径。激光的波长和强度分别为 1 600 nm 和
2×10^{14} W/cm²，实线代表 N_1 核周围电子第一次与邻核复合的经典回碰动能图。
（d）三种核间距条件下的经典电离图。

为了分辨这些额外的量子轨道，图 4-5 提供了 $R = 2.0\alpha$ 条件下的时频分布图和经典动能图。由于与母核复合的多次回碰通道对核间距的变化并不敏感，大核间距条件下对应的高阶回碰通道与 2 a.u.条件下图 4-2（d）的情况类似。除了 1.25 o.c.周围的 2nd 过程外，还存在较低能量的量子轨道，而且在 $t >$ 1.25 o.c.会有更多的量子通道贡献谐波的产生。基于多次回碰过程中各回碰通道的发射时间（t_{ir}）不同，图 4-5（a）给出了分别从 N_1 核与 N_2 核周围电离的电子与邻核复合时多次回碰通道的经典模拟。细实线、点划线与米字线分别代表从 N_1 核周围电离的电子与 N_2 核复合时在 1st（0.5 o.c.＜t_{ir}＜1.0 o.c.）、2nd（1.0 o.c.＜t_{ir}＜1.5 o.c.）以及 3rd 过程（1.5 o.c.＜t_{ir}＜2.0 o.c.）中获得能量随时间的变化。短虚线、长虚线以及十字线则分别代表从 N_2 核周围电离的电子与 N_1 核复合时在 1st、2nd 以及 3rd 过程中获得能量随时间的变化。此时，经典计算结果仍然与量子计算结果吻合得很好，也就是说与邻核复合的过程中同

样会出现多次回碰现象，而且可以分辨出这些通道。此外，如图 4-5（a）所示，当 $t > 1.5$ o.c.时，量子路径变得不光滑。为了找到其中的原因，在图 4-5（b）中同时考虑了与母核复合及与邻核复合的多次回碰通道。粗线、点线及空心圆分别代表 N_1 核周围电子与母核（N_1 核）复合时的 1st、2nd 以及 3rd 过程。可以发现 N_1 核周围电子与母核复合的 1st 通道最大能量，同 N_2 核周围电子与邻核 N_1 复合的 3rd 通道最大能量基本相等。在谐波发射过程中，这两个通道很容易相互干涉（如图中阴影部分所示），导致 1.5 o.c.之后出现不光滑的结构。此外，对于邻核复合的多次回碰通道，当电子从不同核电离时，相同阶次的回碰轨道所对应的动能却不同。这种现象与母核复合过程中的能量特点完全不同。下面将详细分析母核复合与邻核复合的多次回碰通道在能量上呈现的差异性。

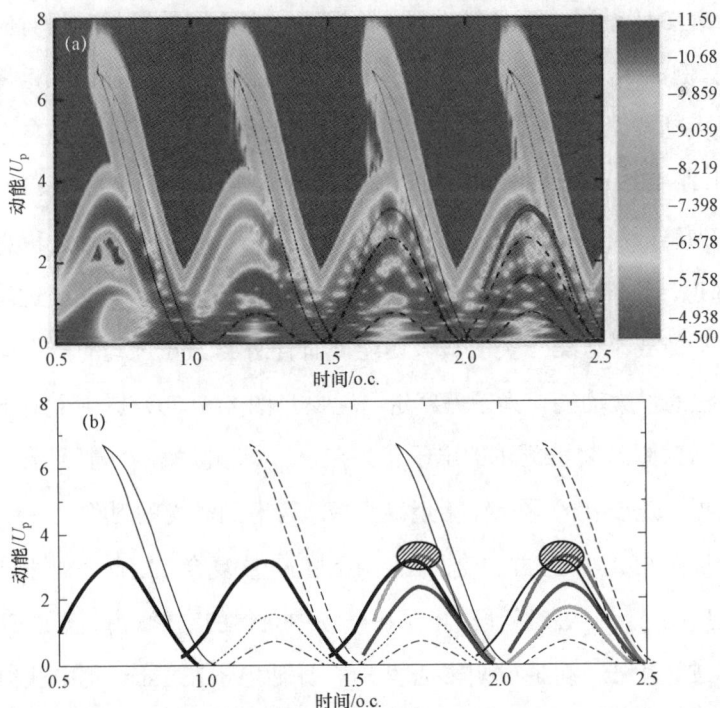

图 4-5　（a）核间距为 2.0α 时的时频分布图。（b）相应的经典回碰动能图。所用的激光参数与图 4-4 一致。粗线，点线和空心圆分别代表 N_1 核周围电子在与母核复合的 1st、2nd 和 3rd 过程中获得的能量。细实线、点划线与米字线（短虚线、长虚线以及十字线）分别代表 N_1 核（N_2 核）周围电子在与邻核的 1st、2nd 和 3rd 过程中获得的能量

图 4-6（a）和图 4-6（c）分别给出了核间距为 2.0α 时，N_1 核周围的电子电离后与 N_1 核复合及与 N_2 核复合时所对应的经典能量图。为了方便观察，相同阶次的回碰过程在图中只给出了一次。图 4-6（b）为相应的激光场，激光参数与图 4-5 中的参数一致。点线、虚线以及粗线分别代表与 N_1 核复合时的 1st、2nd 及 3rd 所对应的电离过程。细线、点划线及短虚线则代表与母核 N_1 复合时的 1st、2nd 及 3rd 所对应的回碰过程。从图中可以清晰看到，当电子与母核 N_1 复合时 MRS 过程所对应的电离过程主要发生在激光场的峰值附近。然而当核间距为 2.0α 时，与邻核 N_2 复合的 1st 过程所对应的电离过程，覆盖较长的时间区域，大约在 0.5 o.c.。此时，STH 通道与 IAR 通道相互重叠。而且与邻核 N_2 复合的 2nd 及 3rd 过程与母核 N_1 复合的多次回碰过程则不同。从图 4-6（c）中可以看到，N_1 核周围的电子电离后，与 N_2 复合时有两种类型的 2nd 及 3rd 过程，而且对于同一阶回碰，在不同的发射时间对应的最大动能不同。例如 N_1 核周围的电离电子在 1.25 o.c.通过 2nd 过程与 N_2 复合时所对应的最大动能，与在 1.75 o.c.复合时的最大动能并不相同。从经典电离图中可以看到，在 1.25 o.c.通过 2nd 过程与 N_2 复合主要源于通道 1 的长量子轨道，我们称其为第一类二次回碰（FSR），而在 1.75 o.c.复合的 2nd 过程主要来源于 IAR 通道，我们称其为第二类二次回碰（SSR）。对于两类 2nd 过程，第一类的最大动能要小于第二类的最大动能，而且两类 2nd 过程的最大动能均小于 1st 过程的最大动能。为了解释这一现象，图 4-6（b）提供了电子在外场中的运动示意图。N_1 核周围的电子首先在 A_1 附近电离，接着经历一个加速-减速的过程，速度（v）在 A_2 附近减为 0，考虑到激光的对称性，$t_{A1} = t_{A2}$。然后电子反向在 A_2 附近再加速并在 A_3 处与 N_2 核复合。因此，加速过程事实上主要发生在 A_2 到 A_3 时间段。电子在外场中获得的动能（E_k）满足 $E_k = 1/2\ v^2$ 其中 $v = \int E(t)\, \mathrm{d}t$，可通过阴影面积 S_A，评估电子在 1st 过程中获得的最大能量。同理，对于 FSR 过程（SSR 过程）电子在 B_1（C_1）附近电离，并在 B_2（C_2）附近速度减为 0 并满足 $t_{B1} = t_{B2}$（$t_{C1} = t_{C2}$）。最后在 B_3（C_3）附近与 N_2 核复合释放谐波光子。因而，S_B 与 S_C 可评估电子在这两个过程中所获得

的能量。从图 4-6（b）中可以明显看出 $S_A > S_C > S_B$，因此，电子经过一次回碰，第二类二次回碰以及第一类二次回碰过程在外场中获得的能量依次减弱。此外，该方案可用来分析电子经过其他高阶回碰过程获得能量的关系。

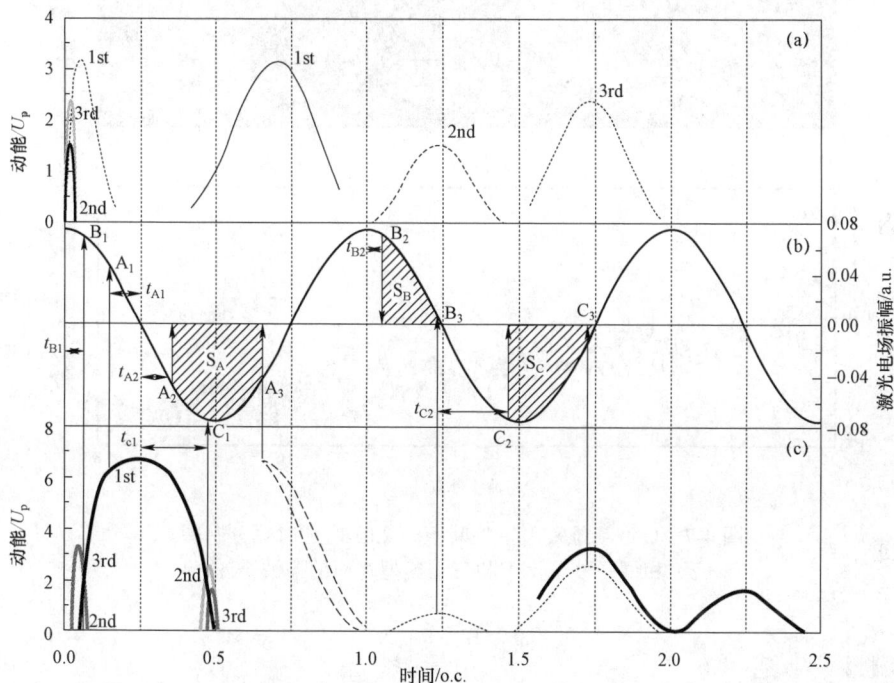

图 4-6　（a）从 N_1 核周围电离的电子与母核复合时经过 1st、2nd 及 3rd 过程所获得的能量。点线、虚线和粗线（细线、点划线和短虚线）代表相应的电离（回碰）过程。（b）激光电场的示意图，与图 4-5 具有相同的参数。（c）从 N_1 核周围电离的电子与邻核 N_2 复合时经过 1st、2nd 及 3rd 过程所获得的能量

　　图 4-2 中在较小的核间距条件下一维数值计算结果与三维数值计算结果是相似的，那么在较大的核间距条件下这两种计算结果是否一致呢？图 4-7 给出了核间距为 2.0α 时的三维计算结果。可以明显看到图 4-7（a）中时频的结构特点与图 4-5（a）中一维计算得到的结构信息是相同的。此外，一维和三维数值模拟下的谐波谱都有两个平台区域，一个来自与母核的复合另一个来自邻核的复合，而且谐波的强度后者只比前者低大约一个数量级。因此，大核间距条件下，邻核复合过程起着重要的作用。

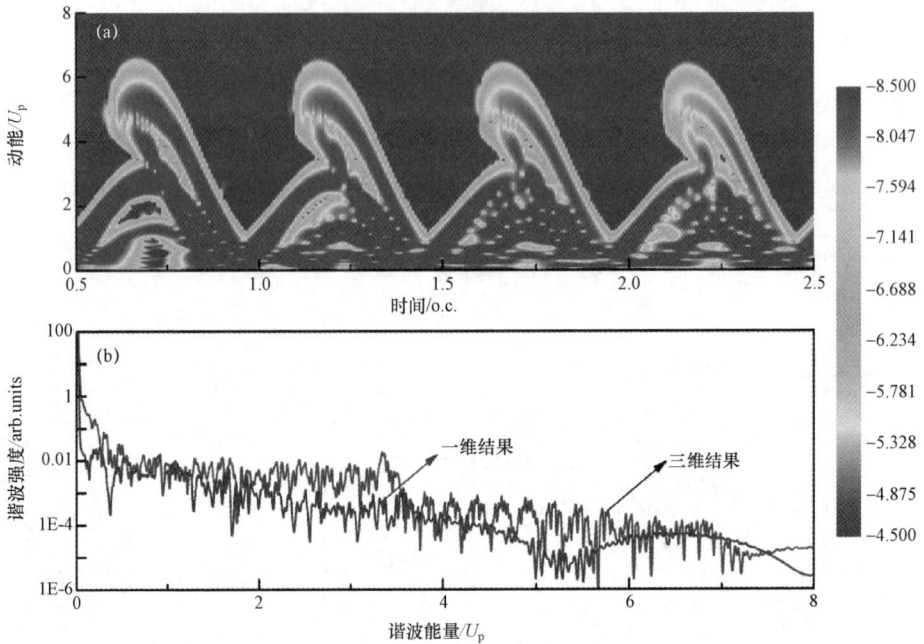

图 4-7 （a）三维模型下核间距为 2.0α 时的时频分布图。
（b）相同条件下一维和三维模型对应的谐波谱图。

4.1.4 小结

通过求解一维和三维条件下的含时薛定谔方程，探究了分子体系多次回碰现象的电子动力学过程。数值结果表明在强激光的作用下电子与母核复合过程中出现的多次回碰现象与原子体系类似。然而，与邻核复合的过程中多次回碰对核间距的变化非常敏感。通过对分子体系谐波发射中多次回碰过程物理图像的建立，发现在激光反向前后各有一个通道对应邻核的复合过程。随着核间距的不断增大，在一次回碰中，这两个通道的界限逐渐变弱，而且各自对应的高阶回碰过程具有不同的最大动能。与母核复合时，同一阶回碰过程对应的最大动能则不发生变化。因此，多次回碰现象在分子谐波产生过程中起着重要的作用，也为进一步研究复杂分子体系谐波的产生奠定了理论基础。

4.2　H_2^+体系高次谐波产生的核动力研究

高次谐波产生过程时间尺度较短，大约为半个光周期，以往的研究一直忽略分子谐波释放过程中的核动力学。在此基础上，探究了双中心干涉，电离增强谐波倾向依赖性的现象。然而，对于较轻的分子离子（如 H_2^+），核振动周期在飞秒尺度，与驱动场的持续时间相当。T.Zuo 和 A.D.Bandrauk 在理论上证明核运动影响电荷共振增强电离过程，并得到了 G.N.Gibson 等人的实验验证。因此，考虑电子运动和核运动的耦合，即非玻恩-奥本海默近似，研究高次谐波过程至关重要。基于该近似理论，研究人员发现了许多有趣的物理过程。M.Lein 发现平台区域的谐波效率与核运动密切相关。S.Baker 等人指出谐波效率的调制可以编码周期内电子-核关联效应。X.B.Bian 和 A.D.Bandrauk 揭示了核运动会导致分子谐波频率调制。L.X.He 等人发现谐波频率调制可监测同位素分子的核振动动力学。J.Zhang 等人研究了 H_2^+谐波发射的空间分布和量子路径控制。考虑核运动，可分辨不对称分子离子谐波发射中的多通道，并实现对多通道的操控。如上所述，将核振动基态选为初始态，可以有效解决研究过程中很多问题。然而，在较高的振动状态下，核运动在谐波发射中起着至关重要的作用。本节将通过改变初始振动状态，进一步研究分子高次谐波产生的动力学过程。

通过求解基于非玻恩-奥本海默近似条件下的含时薛定谔方程，对 H_2^+高次谐波产生进行数值模拟。在偶极近似和长度规范条件下，一维含时薛定谔方程可以表示为：

$$i\frac{\partial}{\partial t}\psi(R,z;t) = H(R,z;t)\psi(R,z;t) \qquad (4\text{-}11)$$

$$H(R,z;t) = H(R,z;0) + kzE(t) \qquad (4\text{-}12)$$

$$H(R,z;0) = -\frac{1}{M}\frac{\partial^2}{\partial R^2} - \frac{1}{2}\frac{\partial^2}{\partial z^2} + V_c(R,z) \qquad (4\text{-}13)$$

$$V_c(R, z) = \frac{1}{R} - \frac{1}{\sqrt{(z - R/2)^2 + 1}} - \frac{1}{\sqrt{(z + R/2)^2 + 1}} \quad (4\text{-}14)$$

$$k = 1 + \frac{1}{2M + 1} \quad (4\text{-}15)$$

k 为强激光场与 H_2^+ 的相互作用参数。$E(t)$ 为 10 o.c. 的梯形激光场，包含 3 o.c. 上升沿，4 o.c. 平台以及 3 o.c. 下降沿。波长为 1 064 nm，激光强度为 1×10^{14} W/cm²。

如图 4-8 所示，当强激光脉冲与 H_2^+ 相互作用时，电子可以隧穿势垒摆脱原子核束缚，成为自由电子。然后，自由电子在外场中做加速运动，获得能量。当激光场反向时，电子可以与母核或邻核复合，释放高能光子。众所周知，分子在强激光场中，分子振荡导致核间距发生变化，直接影响高次谐波产生过程中的电离和复合过程。通过调整初始振动态，可详细讨论核运动对 H_2^+ 谐波发射的影响。

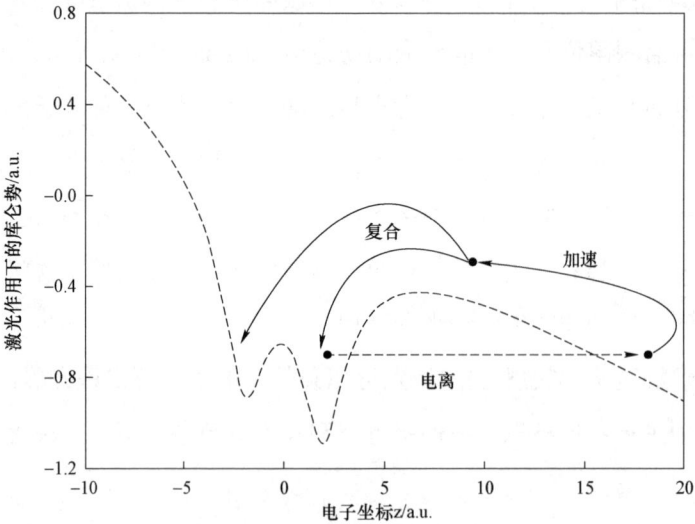

图 4-8　H_2^+ 高次谐波产生的示意图

图 4-9 给出了 10 个光周期梯形场中，$v=1$ 到 $v=4$ 的低振动态 H_2^+ 的谐波谱。如图 4-9（a）所示，随着初始振动状态的增加，从 1 阶到 10 阶的低阶谐波的频率没有出现任何移动。然而，随着谐波阶次的增加，谐波红移现象显

著增强。截止区红移远大于平台区域红移，如图 4-9（c）所示。为揭示相关的物理机制，图 4-10（a）～（d）分别给出了 $v=1$ 和 $v=4$ 的核波包密度和时频图。如图 4-10（a）和 4-10（c）所示，当核波包扩散到更大的核间距，即在 5 o.c.以后产生谐波。此外，从图 4-10（b）和图 4-10（d）的时频图中可以看出，低阶谐波与高阶谐波存在显著的差异。对于高阶谐波，两个量子路径，即长轨道和短轨道，贡献谐波辐射。基于"三步模型"，两个轨道对应的电离过程和复合过程之间存在时间延迟，可以促进核波包的分离。随着核间距增加，电离能减小。因此，较晚时刻释放的谐波能量较小，谐波在高能区发生红移。在高振动态下，核运动加快，这种效应将进一步增强。对于截止区域，电离电子在外场中需要较长的加速过程。在加速过程中，分子核间距被拉伸得更大，电离势会明显减小。因此，截止区谐波的红移效应更加显著。同理，1 到 10 阶谐波释放过程中，轨道无时间延迟（如矩形所示）。因此，电离势的变化对低阶谐波频率调制的影响较小。

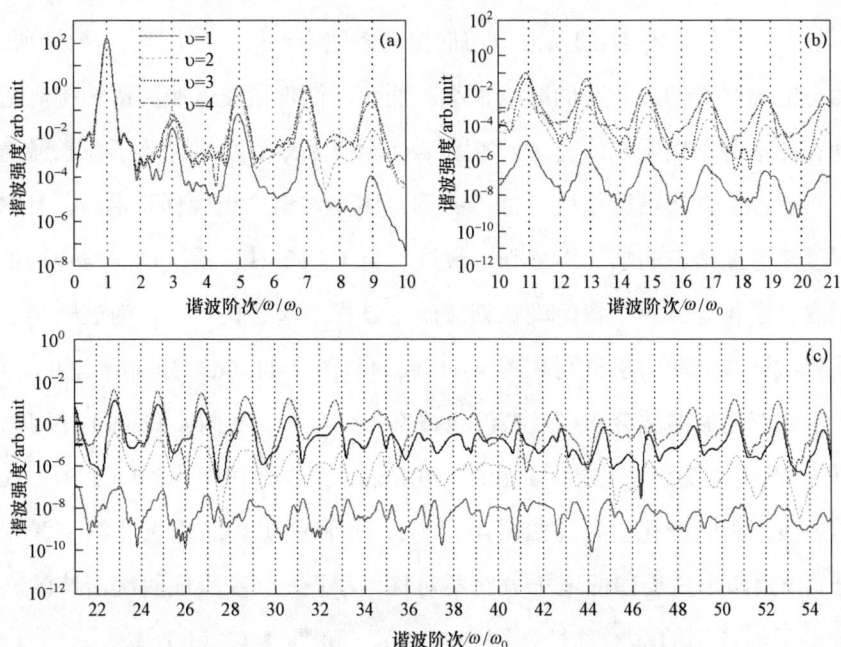

图 4-9　在不同的谐波区域，从 $v=1$ 到 $v=4$ 谐波谱的放大：（a）从 1 阶到 10 阶；（b）10 阶到 21 阶和（c）第 21 阶到 55 阶。

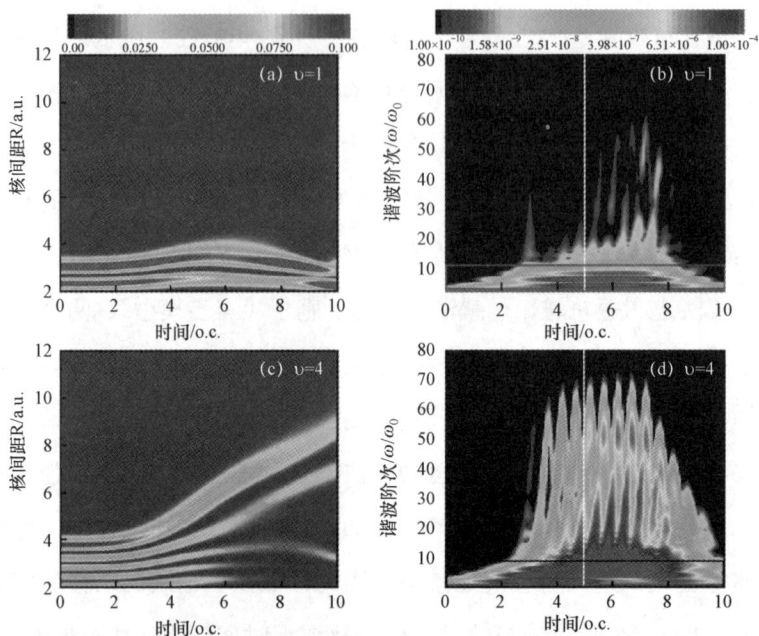

图 4-10　（a）和（c）分别为 $v=1$ 和 $v=4$ 时的核波包密度分布。
（b）和（d）分别为 $v=1$ 和 $v=4$ 时的时频图。

　　然而，高振动态 H_2^+ 的谐波谱与低振动态完全不同。如图 4-11（a）所示，振动态的增强对谐波效率的影响很小。然而，低阶谐波区域的谱结构则随着振动态的增强发生明显的变化，如图 4-11（b）所示。与对称分子在长激光脉冲中只能释放奇次谐波相反。当 $v=6$ 时，H_2^+ 谐波谱上出现偶次谐波，且偶次的强度随着振动态的增加而增强。最终，当 $v=10$ 时，偶次谐波与奇次谐波的强度几乎相等。由于核运动在谐波产生过程中起重要作用，为进一步了解出现偶次谐波的动力学机制。图 4-11（c）和图 4-11（d）分别给出了 $v=10$ 时，随 R 变化的谐波分布以及核波包概率密度分布。从图 4-11（c）中可以看出，低阶谐波主要在 $R=5.5$ a.u.至 $R=10.1$ a.u.范围内辐射，与 2.0 o.c.至 7.0 o.c.范围内核间距的变化一致（如图 4-11（d）所示）。此时，基态与第一激发态耦合，导致两个核周围的电子分布不对称。为了进一步验证偶次谐波的产生源于电子局域化的非对称性，图 4-12（a）和图 4-12（b）中展示了 $v=1$ 和 $v=10$ 时的电子波包概率密度分布。在梯形脉冲的作用下，当 $v=1$ 时，电子在两个核周围对称振荡。当 $v = 10$ 时，从 2.0 o.c.开始，电子分布不对称。从 7.0 o.c.开始，电子主要分布在 $z < 0$ 区域。此时，电子的不对称分布会引起两个核周围谐波发射的不对称性。从而进一步验证了偶次谐波的产生源于电子局域化的不对称性。对核运动敏感。综上所述，电子局域化分布对核运动非常敏感，从而导致处于不同的振动态时，H_2^+ 谐波谱结构出现明显的差异性。

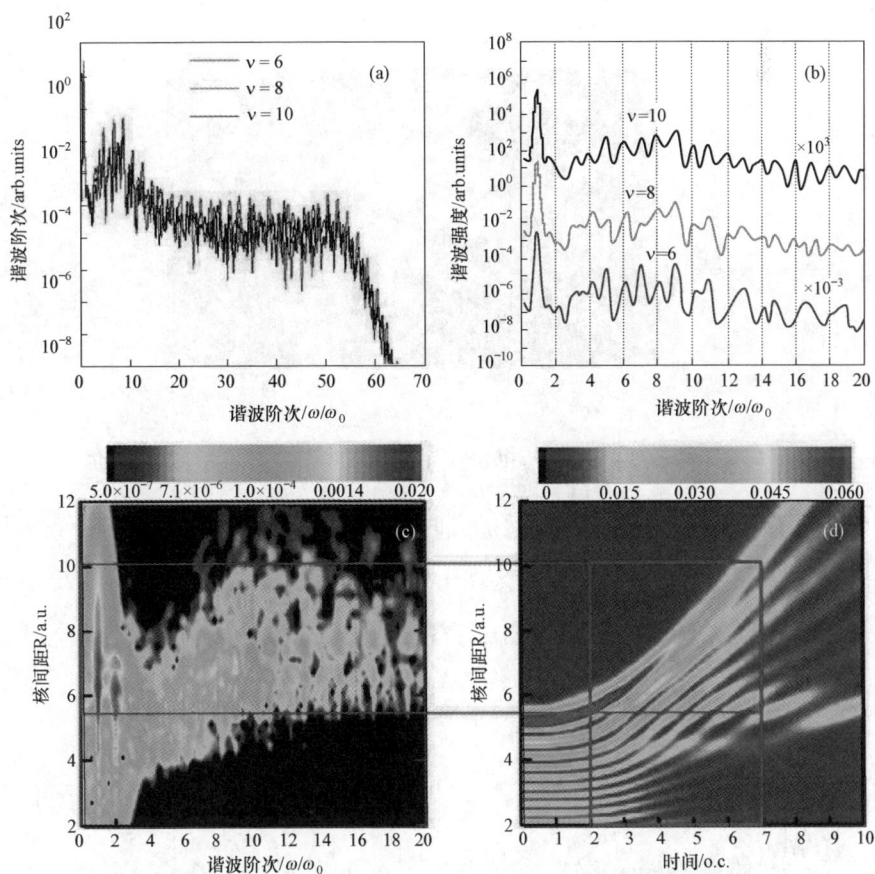

图 4-11 （a）高振动态 H_2^+ 的谐波谱。（b）从 1 阶到 20 阶谐波谱放大图。（c）$v = 10$ 时，随 R 变化的 H_2^+ 谐波分布图。（d）$v = 10$ 时的核波包概率密度分布。

如果 H_2^+ 是由 H_2 电离产生的，会存在一个 Franck-Condon 因子来反映每个振动态的相对布局数。将 J.Zhang 研究中的 Franck-Condon 因子设为系数，

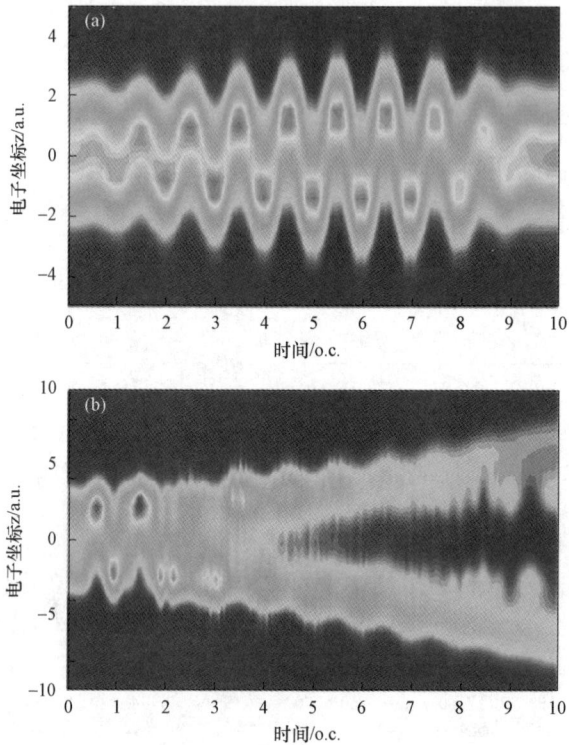

图 4-12　分别为 $v=1$（a）和 $v=10$ 时（b）的电子波包概率密度分布

进一步计算处于 $v=0$ 到 $v=10$ 叠加态时，H_2^+ 高次谐波谱。如图 4-13（a）所示，谐波结构更加复杂，在低能区域出现偶次谐波，如图 4-13（b）所示。因此，尽管高振动态的布居数比低振动态的小近一个数量级，但高振动态仍然影响着高次谐波的产生过程。

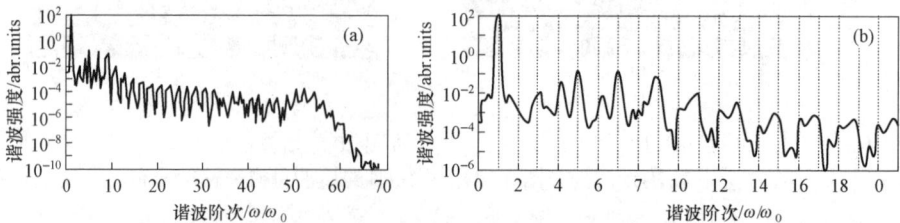

图 4-13　（a）$v=0$ 到 $v=10$ 叠加态条件下，H_2^+ 高次谐波谱。
（b）从 1 阶到 21 阶的谐波谱放大图。

综上所述，通过数值求解同时考虑电子-核关联效应的含时薛定谔，研究了不同振动态条件下 H_2^+ 高次谐波产生的动力学过程。结果表明，当初始振动态从 $v=1$ 增加到 $v=4$ 时，随着核运动的增强，电离势降低，导致高次谐波出现明显的红移。当初始振动态超过 $v=6$ 时，对称 H_2^+ 高次谐波谱中出现偶次谐波。这一现象主要归因于较高的振动态时，核运动剧烈，基态与第一激发态在短时间内耦合，引起电子局域分布的不对称性，最终破坏了两个核周围谐波发射的对称性。因此，在长波长激光场中，核运动在分子高次谐波产生过程中起着重要作用。

4.3　双态模型下 T_2^+ 体系高次谐波产生的电子–核关联动力学研究

19 世纪 60 年代，Toepler 将闪光摄影技术（Spark Photograpy）发展到微观动力学的研究中并成功观察到了声波的演化，泵浦-探测技术（Pump-probe technology）从此诞生。该技术不断推动人们认识微观物质世界。高次谐波具有超高时间分辨率，H.J.Wörner 等人基于泵浦-探测技术利用高次谐波探究溴分子（Br_2）的光解离过程，首先选择 400 nm 的泵浦光将部分处于基态的 Br_2 激发到激发态并发生解离。经过一定的延迟时间，当较强的 800 nm 探测光继续作用时，处于基态的 Br_2 与发生解离的 Br_2 均会产生高次谐波。此时，基态与激发态对谐波的贡献相互干涉，导致谐波在强度和相位上均有不同，反过来可应用到激发态动力学的探测中。利用泵浦-探测技术使体系处于相干叠加态，再通过不同叠加态高次谐波，探测电子在不同电子态的跃迁周期。T.Bredtmann 等通过调节不同电子态之间的布居数，发现随着延迟时间的变化谐波谱出现规律性的震荡，震荡周期等于 H_2^+ 体系电子在第一激发态与第二激发态的跃迁周期 400 as。基于泵浦-探测技术，A.D.Bandrauk 等通过随延迟时间变化的光电子信号和光电子角分布，观测到相干态之间的阿秒电子运动。该团队通过调节各电子态布居数以及时间延迟，实现了相干电子动力学的探测，并操控了各电子态之间的干涉效应。王兵兵团队基于泵浦-探测技术，发现随着延迟时间的改变，谐波极小值与里德堡态电子密度分布的最小值一一对应。由此可见，多电子态条件下谐波产生过程包含丰富的物理信息。

H_2^+在激发态迅速解离会掩盖很多动力学信息，本节选取同位素 T_2^+ 为研究对象，建立考虑电子-核的关联效应的双态量子模型。通过泵浦-探测方案，使 T_2^+ 处于基态（$1s\sigma_g$ 态）与第一激发态（$2p\sigma_u$ 态）的叠加态，进一步研究谐波发射过程中的电子-核关联动力学，分析高阶极小值的物理机制。假设激光沿分子轴向，$1s\sigma_g$ 态和 $2p\sigma_u$ 态的核波包可以通过求解双态含时薛定谔方程获得：

$$i\frac{\partial}{\partial t}\begin{pmatrix} \phi_{1s\sigma_g} \\ \phi_{2p\sigma_u} \end{pmatrix} = \begin{pmatrix} T+V_{11} & V_{12} \\ V_{21} & T+V_{22} \end{pmatrix} \times \begin{pmatrix} \phi_{1s\sigma_g} \\ \phi_{2p\sigma_u} \end{pmatrix} \tag{4-16}$$

其中 T 为动能算符，V_{ii}（$i=1$，2）为 $1s\sigma_g$ 和 $2p\sigma_u$ 态对应的势能算符。

$$V_{12}=V_{21}=d_{12}E_{\text{pump}}(t) \tag{4-17}$$

d_{12} 是 $1s\sigma_g$ 态和 $2p\sigma_u$ 态的跃迁偶极矩。在特定的延迟时间（t_{del}），处于叠加态的 T_2^+ 在探测光作用下产生高次谐波的过程，可以通过求解非玻恩-奥本海默近似条件下的含时薛定谔方程进行数值模拟。

在激光作用前，T_2^+ 处于 $1s\sigma_g$ 态而且处于振动的基态，平衡核间距 2.6 a.u. 相应的基态电离能为 31.1 eV。首先，选用波长为 148 nm 的超短极紫外脉冲作为泵浦脉冲，通过单光子激发将部分波包激发到 $2p\sigma_u$ 态。图 4-14（a）给出了极紫外脉冲的电场 $E_{\text{pump}}(t)=-\frac{1}{c}\frac{\partial}{\partial t}A(t)$ 示意图，其中 A（t）为具有 $\sin^2$ 包络的矢势：

$$A(t)=-\frac{c}{w}E_0\sin^2(\pi t/t_{\text{tot}})\sin(w(t-t_{\text{tot}}/2)) \tag{4-18}$$

其中极紫外脉冲的持续时间（t_{tot}）以及激光强度分别为 2 fs，1.0×10^{12} W/cm²。

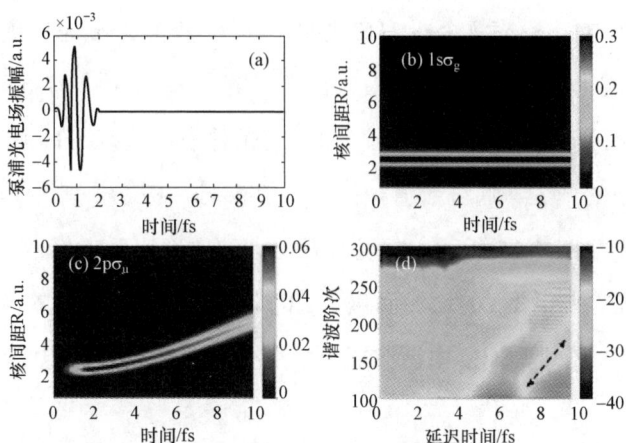

图 4-14　（a）泵浦激光电场示意图。（b）和（c）分别为在泵浦激光场中 T_2^+ 处于 $1s\sigma_g$ 态和 $2p\sigma_u$ 态所对应的核波包密度图。（d）随着延迟时间 t_{del} 改变的谐波谱图。

当泵浦脉冲与 T_2^+ 作用后，体系将处于 $1s\sigma_g$ 与 $2p\sigma_u$ 的相干叠加态。如图 4-14（b）所示，处于 $1s\sigma_g$ 态的波包主要在平衡位置附近振荡，而处于 $2p\sigma_u$ 的波包则向大核间距运动。如图 4-14（c）所示，泵浦光作用结束后激发概率为 2.7%。经过一定的延迟时间（t_{del}），一束波长为 1 600 nm 的探测光开始与处于相干态的 T_2^+ 相互作用并产生谐波光子。探测光与泵浦光的矢势形式相同，总持续时间为 10 fs，激光强度为 3.0×10^{14} W/cm²。图 4-14（d）为随 t_{del} 变化的谐波谱图，从图中可以观察到一个有趣的现象，如虚线双箭头所示。随着 t_{del} 的增加，高阶部分谐波强度会降低，而且最小值的位置会随 t_{del} 的改变发生移动。下面将详细讨论这一现象。

在泵浦光的作用下，T_2^+ 将处于 $1s\sigma_g$ 与 $2p\sigma_u$ 相干叠加态，相应的波函数可以写成：

$$\psi(R,z;t) = c_1\chi_1(R,t)\varphi_1(z,R)e^{-iE_1(R)t} + c_2\chi_2(R,t)\varphi_2(z,R)e^{-iE_2(R)t}$$

$$(4\text{-}19)$$

其中 $X_i(R,t)$ 和 $\varphi_i(z,R)(i=1,2)$ 分别代表 $1s\sigma_g$ 和 $2p\sigma_u$ 的电子波函数和核波函数。$|c_i|^2$ 代表相应各态上的布居数。对于处于叠加态的体系而言，会有四个通道贡献于谐波的产生。一方面，电子可以从 $1s\sigma_g$ 态电离并与 $1s\sigma_g$ 态复合即 H11 通道，也可以从 $2p\sigma_u$ 态电离回到 $2p\sigma_u$ 态即 H22 通道；另一方面，电子可以从

$1s\sigma_g$ 态电离并与 $2p\sigma_u$ 态复合即 H12 通道，也可以从 $2p\sigma_u$ 态电离并回到 $1s\sigma_g$ 态即 H21 通道。T.Bredtmann 等人曾指出，随着 t_{del} 的增加 $1s\sigma_g$ 态与 $2p\sigma_u$ 态核波包的重叠逐渐减少。所以在较大的 t_{del} 条件下，只有 H11 通道和 H22 通道贡献于谐波的产生。通过数值模拟 $t_{del} = 0$ fs 时，初态分别为 $1s\sigma_g$ 态与 $2p\sigma_u$ 态的谐波产生如图 4-15 所示，发现前者的谐波效率比后者低六个数量级，而且谐波效率差会随着 t_{del} 的增加而增大。因此，激发态在谐波的产生过程中起着重要的作用，图 4-14（d）中谐波极小值主要来自激发态的电子动力学过程。

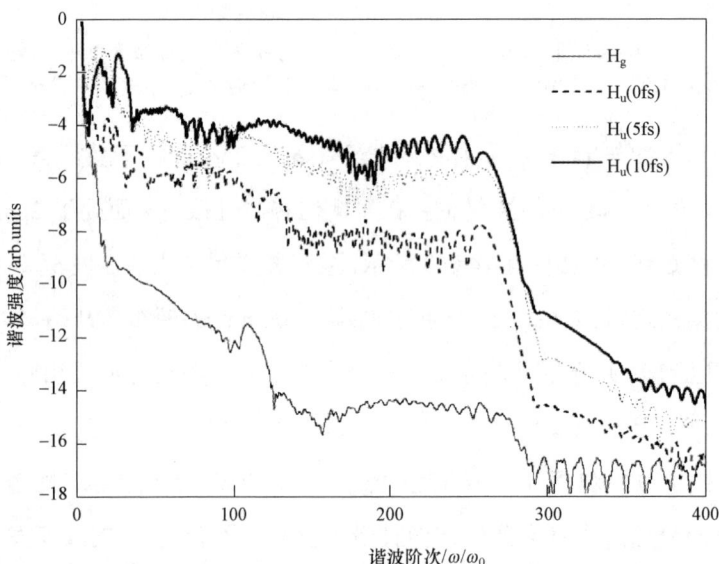

图 4-15 T_2^+ 不同初始态不同 t_{del} 所对应的谐波谱图：初始态为 $1s\sigma_g$ 态 $t_{del} = 0$ fs 所对应的谐波谱图（细线），初始态为 $2p\sigma_u$ 态时 $t_{del} = 0$ fs（虚线），$t_{del} = 5$ fs（点线）以及 $t_{del} = 10$ fs（粗线）所对应的谐波谱图

为了深入了解其中的物理机制，图 4-16（a）描述了 $t_{del} = 10$ fs 时，T_2^+ 处于相干叠加态的谐波谱图。图中显示从 175 阶到 189 阶谐波谱上有明显的极小值。图 4-16（b）从时间和频率的角度，描绘了探测激光场中电子从 4 fs 到 7 fs 的电子动力学过程。图 4-16（a）中矩形方框内所示的最小值位置，恰好与时频图中 5.2 fs 到 5.4 fs 椭圆标记的谐波发射最弱的地方相对应。对于单电子 T_2^+ 体系，究竟是什么原因导致了极小值的形成？极小值是源于传播波包

与剩余波包的相位差，还是双中心的干涉？当 $t_{\text{del}}=10$ fs 时，$1s\sigma_g$ 态与 $2p\sigma_u$ 态不存在相互重叠的核波包。因此，该极小值不同于加速过程中返回波包的相消相位差引起的动力学极小值。激发态在整个谐波产生过程中起主导作用，为了进一步分析该极小值是否来源于双中心干涉，首先根据：

$$R(t)=\frac{\iint R\mathrm{d}R\mathrm{d}z|\psi(R,z;t)|^2}{\iint \mathrm{d}R\mathrm{d}z|\psi(R,z;t)|^2} \qquad (4\text{-}20)$$

计算得到 $t_{\text{del}}=10$ fs 时，$2p\sigma_u$ 态为初态，T_2^+ 在探测场中平均核间距的变化。$2p\sigma_u$ 态轨道具有反对称性，双中心干涉的控制项为：

$$I(k)=\mathrm{e}^{-ik\cdot R/2}-\mathrm{e}^{ik\cdot R/2}=-2i\sin(k\cdot R/2) \qquad (4\text{-}21)$$

其中 $I(k)$ 为谐波的强度，k 为电子的动量，R 为核间距。根据上式可知当 $\sin$ 项中满足 2π 的整数倍时谐波谱上出现最小值，即满足：

$$k\cdot R\cos\alpha=2m\pi \text{ 和 } N_{\min}\omega=k^2/2 \quad (m=0,1,2,\cdots) \qquad (4\text{-}22)$$

其中 $N_{\min}$ 为出现双中心干涉最小值的谐波阶次，ω 为探测光的频率。当双中心干涉最小值出现在 175 阶到 189 阶时，在回碰时刻，相应的核间距应该满足 $R=1.91m\sim1.98m$（$m=1,2,3,\cdots$）。即在极小值出现的时间区域内（5.2 fs 到 5.4 fs）相应核间距应该在 7.6 a.u.（$m=4$）或 9.5 a.u.（$m=5$）（图 4-16（c）中箭头所指）。然而，从图中可以发现核间距的变化范围在 8.7 a.u. 和 8.9 a.u.。因此，图 4-16（a）中出现的极小值并不是由双中心干涉引起的。综上讨论，该极小值与加速过程和回碰过程中电子的动力学过程均无关，是否与电离过程中的电子动力学有关呢？

为了讨论电离过程对谐波发射的影响，根据公式：

$$P(z,t)=\int_{1.0}^{26.65}|\psi(R,z;t)|^2\mathrm{d}R \qquad (4\text{-}23)$$

计算初始态分别为 $1s\sigma_g$ 态与 $2p\sigma_u$ 态时，探测场中电子概率密度的分布如图 4-17 所示。G.L.Kamta 等指出在强场中不同电子态存在偏振差异，对于基态而言具有负的偏振性及斯塔克移动而激发态则相反，最终导致 σ_u 电子的

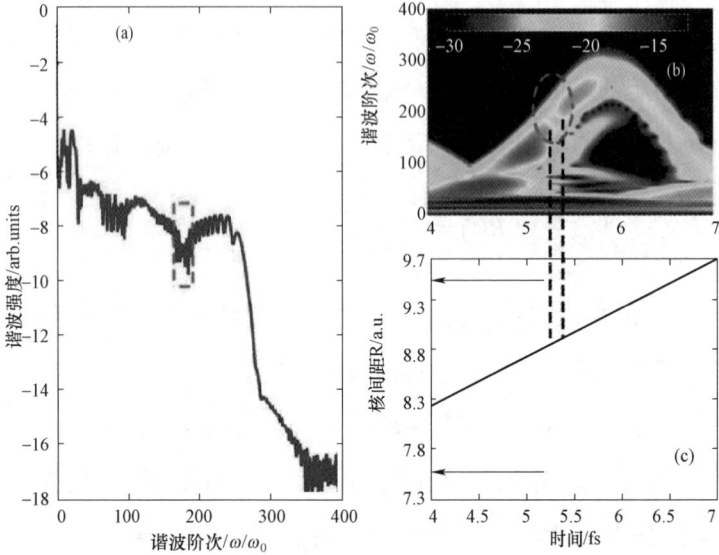

图 4-16 （a）和（b）分别为 T_2^+ 处于 $1s\sigma_g$ 与 $2p\sigma_u$ 的叠加态在 $t_{del}=10$ fs 的条件下所对应的高次谐波谱和时频分布图。（c）初始态为 $2p\sigma_u$ 态时 T_2^+ 平均核间距的变化。

分布与激光场的方向相同而 σ_g 电子的分布则与激光场的方向相反。如图 4-17（a）所示，初始态为 $1s\sigma_g$ 态时，电子在两核周围振荡并与激光场（实线）的方向相反。然而对于初始态为 $2p\sigma_u$ 态时，不同 t_{del} 条件下电子分布具有不同的特点。在图 4-17（b）中，当 $t_{del}=0$ fs 时电子主要分布在 $z=0$ 附近。然而，随着 t_{del} 的增加，电子开始向 $z<0$ 区域移动。如图 4-17（c）和图 4-17（d）所示，$t>4$ fs 时电子在 $z<0$ 区域有明显的分布。$t=0$ fs 代表探测光开始作用的时刻。在探测场中当初始态为 $2p\sigma_u$ 态时，电子在 $t=0$ fs 附近呈现反对称分布（如图中箭头所示）。为了清晰看到这一现象，图 4-18（a）～图 4-18（c）给出了初始态为 $2p\sigma_u$ 态，不同 t_{del} 条件下，$t=0$ fs 到 $t=2$ fs 电子密度的放大图。在图 4-18（d）中给出了此类电子的运动示意图。首先，在探测光刚开始作用的瞬间，激光强度较低，原本处于 $2p\sigma_u$ 态的波包会转移到 $1s\sigma_g$ 态。接着，在激光的持续作用下，波包向较大的核间距移动。最终，随着激光强度的增加，波包会经历一个完整的电离-加速-回碰过程，释放高能光子。对于 $t_{del}=0$ fs

的情况，处于 $2p\sigma_u$ 态的波包主要分布在平衡核间距即 2.6 a.u.附近。此时，波包从 $t=0$ fs 到 $t=2$ fs 可以很容易转移到 $1s\sigma_g$ 态，并在 $1s\sigma_g$ 态势能曲线的底部运动。因而，在图 4-17（b）中可以观察到，电子主要分布在 $z=0$ 附近的区域。但是在较大的 t_{del} 条件下，$2p\sigma_u$ 态的波包处于较大的核间距，转移过程结束后，波包在探测场中的扩散会更加显著。如图 4-17（c）所示，$t_{del}=5$ fs 的条件下，当 $t>4$ fs 时电子主要分布在 $z<0$ 区域。值得注意的是，按照 G.L.Kamta 等的分析，在 $t=7$ fs 附近 $2p\sigma_u$ 态的电子应该主要分布在 $z>0$ 区域。然而，如图中矩形框所示，此时电子则主要分布在 $z<0$ 区域。此外，随着 t_{del} 的增加，这种反直觉的现象会越早出现。如图 4-17（d）所示，当 $t_{del}=10$ fs 时，该现象在 $t=3$ fs 附近即可观察到。

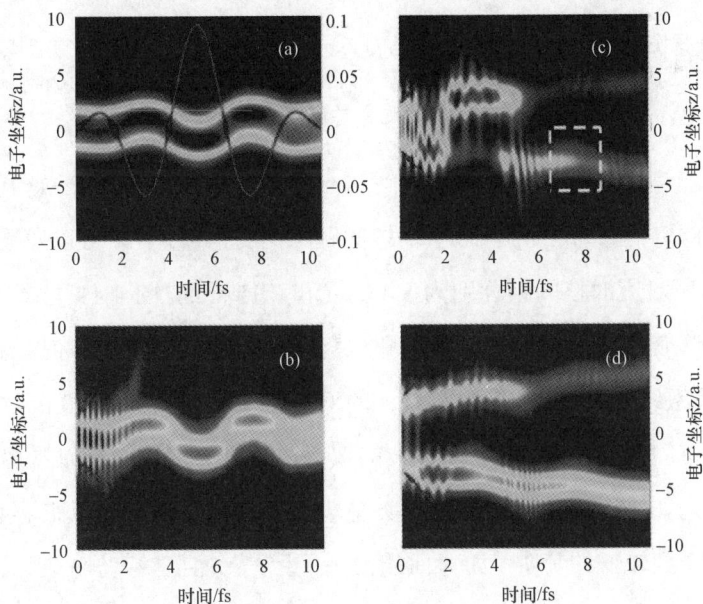

图 4-17 （a）在探测场中初始态为 $1s\sigma_g$ 态时电子概率分布图。实线为探测激光电场示意图。（b）～（d）初始态为 $2p\sigma_u$ 态时不同 t_{del} 对应的电子概率密度分布：$t_{del}=0$ fs，$t_{del}=5$ fs 及 $t_{del}=10$ fs。

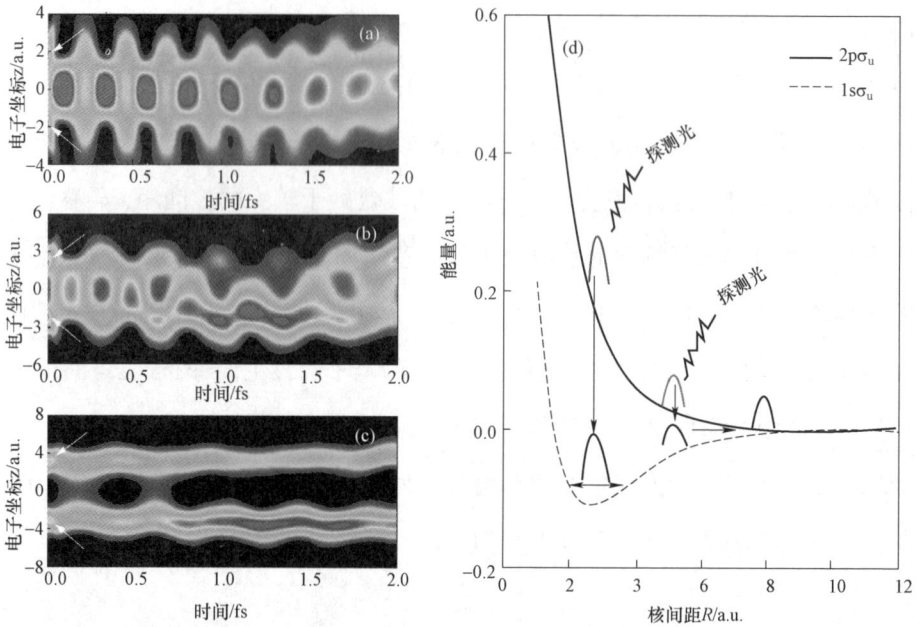

图 4-18 在探测场中从 0 fs 到 2 fs 初始态为 $2p\sigma_u$ 态时,不同 t_{del} 所对应的电子概率分布图:(a) $t_{del}=0$ fs,(b) $t_{del}=5$ fs 以及(c) $t_{del}=10$ fs。(d) 探测场中初始态为 $2p\sigma_u$ 态时对应的电子动力学过程。

通过双势阱模型可以进一步理解这一现象。从图 4-19(a)关于 $t_{del}=5$ fs 条件下,T_2^+ 初始态为 $2p\sigma_u$ 态时平均核间距(实线)的变化,可以发现,$t=3$ fs 和 $t=7$ fs 所对应的核间距分别为 5.35 a.u. 和 7.15 a.u.。图 4-19(b)给出了不同条件下库仑势与静电场的结合能即双势阱模型。当 $t_{del}=5$ fs 时,核间距为 5.35 a.u.(粗线)及 7.15 a.u.(细线)的双势阱模型。当 $t_{del}=10$ fs 时,$t=3$ fs 所对应的核间距为 7.75 a.u.(点线)的双势阱模型。从图中可以看出,$t=3$ fs 时核间距为 5.35 a.u.条件下,内部势垒较低且较窄,电子可以很容易从较高的势阱跃迁到较低的势阱(如弯曲的箭头所示),并且隧穿势阱成为自由电子(如水平箭头所示)。然而,随着核间距的增大,内部势垒逐渐变高变宽。在这种情况下,跃迁过程受到抑制,导致电子局域在其中一个势阱内部。当 $t_{del}=5$ fs 且 $t=7$ fs 时,电子主要分布在 $z<0$ 区域。此外,电子的局域化会进一步抑制电离过程。

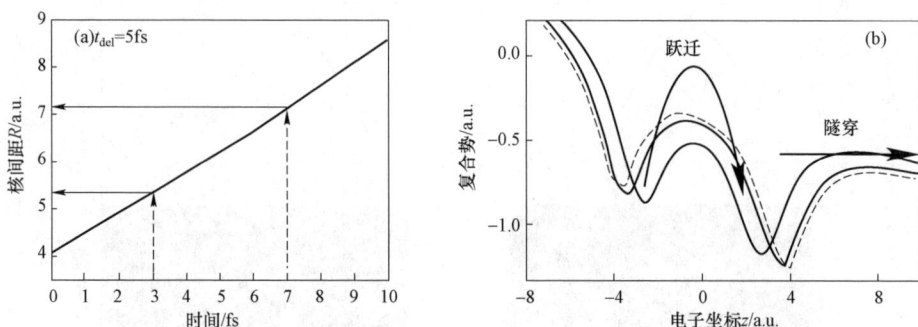

图 4-19　（a）初始态为 $2p\sigma_u$ 态，$t_{del} = 5$ fs 时 T_2^+ 在探测场中核间距的变化。
（b）在不同 t_{del} 条件下库仑势与静电场作用的复合势：粗线和细线分别代表 $t_{del} = 5$ fs 时，
探测场中 $t = 3$ fs 和 $t = 7$ fs 所对应的复合势，点线代表 $t_{del} = 10$ fs 时，
探测场中 $t = 3$ fs 所对应的复合势。

对于 $t_{del} = 10$ fs 的情况，也可以用同样的机理来解释。图 4-20（b）和（d）分别基于流算符，根据：

$$P_{ion}(R,t) = IM[\langle \psi(z,R;t) | \delta(z-z_s) \frac{\partial}{\partial z} | \psi(z,R;t) \rangle] \tag{4-24}$$

计算了 $t_{del} = 5$ fs 及 $t_{del} = 10$ fs 条件下，随核间距变化的电离速率。$z_s = 40$ a.u. 代表流分析的位置。如图中双箭头所示，当激光场为负值时，在 $z<0$ 区域相应的电离速率明显很弱，进而验证了上文的解释。总而言之，当核间距大于 6.7 a.u.（即对于 $t_{del} = 5$ fs 时 $t>6.1$ fs）时，电子分布就会出现反直觉的现象。这一结论与 Y.C.Fujimura 等提出的观点相吻合，即在 $1s\sigma_g$ 态与 $2p\sigma_u$ 态的耦合区域，电子分布会出现一种违反直觉的现象。因此，当两个电子态相互耦合时，电离过程会受到抑制，进而抑制谐波的产生。在谐波谱上，我们可以观察到极小值的出现。对于 $t_{del} = 8$ fs 的情况，波包在探测光作用下，于 $t = 3$ fs 附近（此时激光场为负值）扩散到 6.8 a.u.。此时，电子主要分布在 $z<0$ 区域，相应的电离过程受到抑制。因此，在图 4-14（d）中，当 $t_{del}>8$ fs 时，可以观察到极小值。那么，为什么极小值会出现在特定的能量区域呢？

79

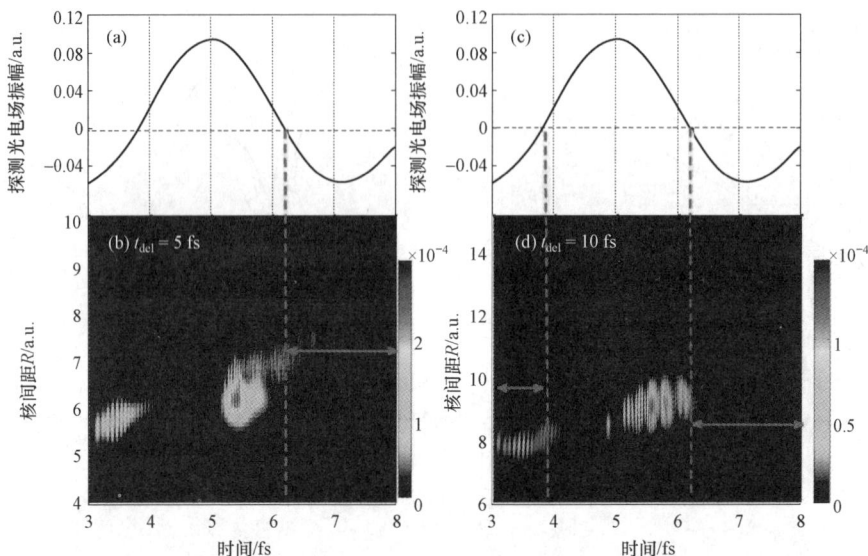

图4-20 （a）和（c）探测激光电场随时间的变化。（b）和（d）初始态为 $2p\sigma_u$ 态时，T_2^+ 在 $t_{del}=5$ fs 以及 $t_{del}=10$ fs 时对应的电离速率图。

图 4-21（a）给出了 $t_{del}=8$ fs 时，从 $t=2$ fs 到 $t=7$ fs 的时频分布图。与图 4-16（a）相比，此时谐波极小值的分布主要分布在较低的能量区域，即从 125 阶到 141 阶（如虚线所示）。由于谐波的极小值主要来源于电离过程的抑制，因此，可以通过求解经典牛顿方程，对谐波的发射过程进行经典模拟。这一过程旨在确定在给定 t_{del} 条件下，体系在探测场中的电离时间。从图 4-21（b）中可以看出，对于 $t_{del}=8$ fs，核间距的变化远小于 E/ω^2。因此，母核复合的截止能量与邻核复合的截止能量基本相等。鉴于此，本部分主要讨论与母核复合的过程，而且由于极小值主要出现在一次回碰过程中，多次回碰过程将不再详细讨论。基于上文的讨论，可知 $t_{del}=8$ fs 时，在 $t=3$ fs 附近 T_2^+ 的核间距大约为 6.8 a.u.。此时，电离能大约为 0.79 a.u.，对应 27.7 阶谐波。基于经典计算，截止能量对应 284.7 阶谐波。如图 4-21（a）和图 4-21（d）所示，量子模拟所得到的结果与经典模拟相吻合。此外，由于谐波的截止能量主要由电子在探测场中所获得的动能决定，在图 4-14（d）中，尽管随 t_{del} 的改变电离能发生了变化，但谐波的截止能量基本保持不变。如图 4-21（e）所

示，3.1 fs 到 3.3 fs 的经典模拟揭示了极小值区域（125 阶到 141 阶谐波）对应的电离过程主要发生在 3.18 fs 到 3.23 fs（如虚线所示）。对于 $t_{del} = 8$ fs，如图 4-21（f）所示，此时间段的电离过程最弱。因此，在特定的能量区域可以观察到明显的极小值。基于前文分析可知，随着 t_{del} 的增加，电离抑制会出现在较早的时刻，最终导致极小值的位置出现在较高的能量区域。此现象也表明，极小值对核运动比较敏感，可作为探测核波包动力学的有效手段。

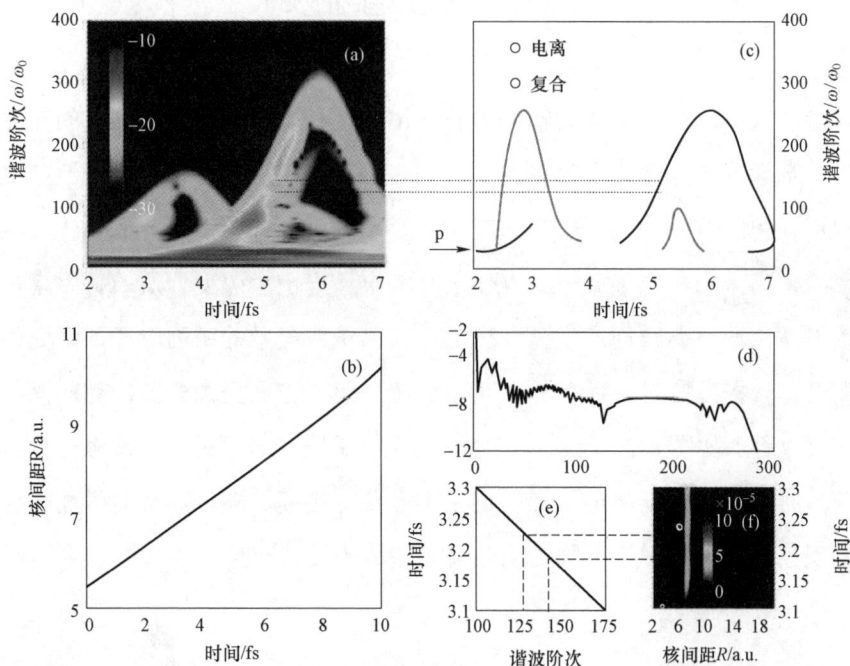

图 4-21　（a）初始态为叠加态，T_2^+ 在 $t_{del} = 8$ fs 时所对应的时频分布图。（b）在探测场中 T_2^+ 核间距随时间的变化。（c）和（d）分别为相应的经典动能分布图和谐波谱图。（e）为（c）图在 3.1 fs 到 3.3 fs 的放大图。（f）电离速率图。

综上所述，本节通过求解非玻恩-奥本海默近似条件下的双态含时薛定谔方程探究了 T_2^+ 体系高次谐波的产生。结合核间距的变化、电子概率密度分布以及电离速率分布，分析了谐波产生过程中的电子-核关联动力学。发现随着泵浦光与探测光之间 t_{del} 的增加，激发态在谐波发射过程中逐渐占主导地位。在两态耦合区域，电子局域分布在一个核周围，抑制了电离过程。因而，在谐波的高阶区域出现了可反映激发态动力学信息的极小值。该极小值不仅依赖于 t_{del} 的变化而且出现在特定的能量区域。鉴于高阶极小值对核运动的敏感性，这些极小值可用于强激光场中核动力学的探测。

4.4 三态模型下 T_2^+ 体系高次谐波产生的激发态动力学研究

考虑核运动时，谐波振幅的调制（AM）包含了周期内电子-核的关联动力学。卞学滨等人通过研究频率的调制（FM），探测了分子高次谐波产生过程中周期间的核动力学。FM 的产生主要来自两个方面：一方面是传播效应的影响。当激光与原子分子相互作用时，电离电子会改变介质的折射率，导致入射激光场与谐波均产生蓝移现象。当原子或分子的密度较低、激光强度较弱时，传播效应对 FM 的影响可以忽略。另一方面是激光脉冲随时间的超快变化过程。如图 4-22 所示，在激光的上升沿随着时间的增加，激光振幅大于前一时刻振幅，电离电子在外场中就会获得更高的能量，从而引起谐波的蓝移现象。同理，对于下降沿则会引起谐波的红移现象。

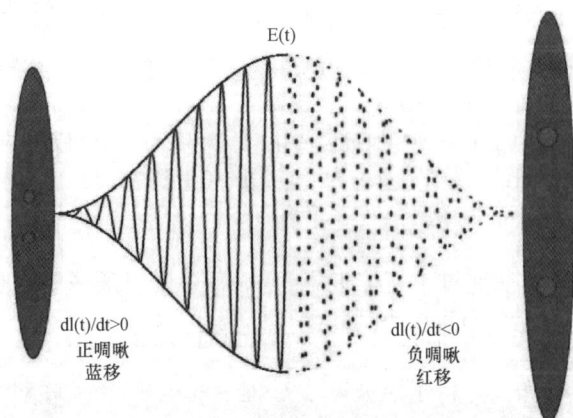

图 4-22 脉冲包络对谐波谱移动的影响

对于谐波的蓝移现象，通过多周期脉冲与原子体系相互作用，可以较为容易地实现。当激光的强度大于原子体系的电离饱和强度时，在激光的上升沿部分体系就可以完成电离。这意味着谐波的产生主要发生在激光的上升沿部分，传播效应和激光的变化都可以引起蓝移现象。然而，原子谐波的红移现象目前只能在一定密度的原子或分子样品中，考虑传播效应才能观察到。对于分子体系，卞学滨研究小组在玻恩-奥本海默近似近似条件下，利用共振分子体系 HeH^{2+} 观察到了红移现象。考虑到核运动对谐波发射的作用，该研究小组分别通过求解一维和二维非玻恩-奥本海默近似条件下的含时薛定谔方程，研究了在多周期脉冲的作用下 H_2^+ 体系高次谐波的产生。结果发现，随着激光的作用，核运动逐渐增强，尤其是在激光的下降沿，相应电离概率较大。因而，谐波产生主要发生在下降沿并出现了红移现象。此外，该团队指出核运动越剧烈红移现象越明显。A.Maghari 等人同样证明，在多周期脉冲作用下，激光场的变化会引起谐波的红移，特别是低阶谐波。刘学深研究小组发现，随着振动态的增强，谐波发射由下降沿为主逐渐转变为以上升沿为主，从而导致谐波频率由红移逐渐转变为蓝移。除此之外，核间距的变化引起电离势的改变也会导致谐波出现红移现象。这些工作主要探究了单电子态条件下，谐波红移的动力学机制。通过 4.3 节的研究可知，激发态动力学直接影响谐波的产生。A.D.Bandruak 等人在研究相干电子动力学的过程中，采用 800 nm 的探测光作用于分子体系。他们发现，随着延迟时间的改变，谐波谱上同样会出现红移现象。

长波长条件下，谐波产生过程中的电子动力学过程比短波长条件下更复杂。那么，在长波长探测光条件下，对于处于相干态的分子体系，是否会出现红移现象，激发态动力学过程对其又有什么影响呢？本节通过建立考虑电子-核关联效应的三态量子计算模型，利用两束泵浦光，将 T_2^+ 体系激发到 $2p\sigma_u$ 态和 $3d\sigma_g$ 态。在长波长探测光的作用下，处于相干叠加态的体系产生高次谐波。随着 $3d\sigma_g$ 态布居数的增加，谐波谱上可以观察到明显的红移现象。通过建立多态分子体系谐波发射的物理图像，分析谐波产生过程中的激发态动力学,揭示长波长条件下谐波频率红移的物理机制,提出抑制红移现象的方案。

以 T_2^+ 为模型,假设激光沿分子轴向,相应三态 $1s\sigma_g$ 态、$2p\sigma_u$ 态和 $3d\sigma_g$ 态的核波函数可以通过求解三态含时薛定谔方程获得:

$$i\frac{\partial}{\partial t}\begin{pmatrix}\phi_{1s\sigma_g}\\\phi_{2p\sigma_u}\\\phi_{3d\sigma_g}\end{pmatrix}=\begin{pmatrix}T+V_{11} & V_{12} & 0\\V_{21} & T+V_{22} & V_{23}\\0 & V_{32} & T+V_{33}\end{pmatrix}\times\begin{pmatrix}\phi_{1s\sigma_g}\\\phi_{2p\sigma_u}\\\phi_{3d\sigma_g}\end{pmatrix} \tag{4-25}$$

T 为动能算符,$V_{ii}(i=1,2,3)$ 为 $1s\sigma_g$ 态,$2p\sigma_u$ 态和 $3d\sigma_g$ 态所对应的势能:

$$V_{12}=V_{21}=d_{12}E_{pump1}(t) \tag{4-26}$$

$$V_{23}=V_{32}=d_{23}E_{pump2}(t+\Delta t) \tag{4-27}$$

d_{12} 是指 $1s\sigma_g$ 态和 $2p\sigma_u$ 态之间的跃迁偶极矩,d_{23} 是指 $3d\sigma_g$ 和 $2p\sigma_u$ 态之间的跃迁偶极矩。Δt 指第一束泵光结束与第二束泵浦光开始之间的时间延迟。通过调节 Δt 可以在不同的核间距条件,下将 $2p\sigma_u$ 态的波包激发到 $3d\sigma_g$ 态。泵浦激光电场可以表示为 $E_{pump}(t)=-\frac{1}{c}\frac{\partial}{\partial t}A_{1(2)}(t)$,其中 $A_{1(2)}(t)$ 为具有 $\sin^2$ 包络的矢势:

$$A(t)=-\frac{c}{w}E_0\sin^2(\pi t/t_{tot})\sin[w(t-t_{tot}/2)] \tag{4-28}$$

经过两束泵浦光的作用,T_2^+ 将处于 $1s\sigma_g$ 态、$2p\sigma_u$ 态和 $3d\sigma_g$ 态的相干态。在第二束泵浦光作用后,经过一定的延迟时间(t_{del})加入探测光。在探测激光场中可以通过求解电子-核关联的含时薛定谔方程,研究三态条件下 T_2^+ 体系谐波的发射过程:

$$i\frac{\partial\psi(R,z;t)}{\partial t}=\left(-\frac{1}{M}\frac{\partial^2}{\partial R^2}-\frac{1}{2}\frac{\partial^2}{\partial z^2}+V_c(R,z)+\kappa zE_{probe}(t)\right)\psi(R,z;t)$$

$$\tag{4-29}$$

如图 4-23 所示,在极紫外脉冲的作用下,通过单光子激发将处于 $1s\sigma_g$ 态的 T_2^+ 激到 $2p\sigma_u$ 态。极紫外脉冲的波长、强度及总时间分别为 148 nm、1.0×10^{13} W/cm²、2 fs。处于 $1s\sigma_g$ 态的波包与处于 $2p\sigma_u$ 态的波包会迅速失去相干性。实际上,当波包在两个解离态($2p\sigma_u$ 态和 $3d\sigma_g$ 态)上以相似的速度运动时，波包能够在较长的时间内维持相干性。为了实现这一目标，当 $2p\sigma_u$ 态的波包运动到 4 a.u.附近时（此时，随着核间距的增大分子势能面变化较小）引入第二束泵浦光（波长为 127 nm，总持续时间为 2 fs）。通过单光子激发，将部分处于 $2p\sigma_u$ 态的波包激发到 $3d\sigma_g$ 态上。一段时间后（t_{del}），引入波长为 1 600 nm 的探测光与处于叠加态的分子体系相互作用产生高次谐波。探测光的强度和持续时间分别为 3.0×10^{14} W/cm^2，10 fs。下面如不做说明，所有延迟时间 t_{del} 指第二束泵浦光结束与探测光开始的时间差。通过调节第二束泵浦光的强度来控制两个激发态的布居数。

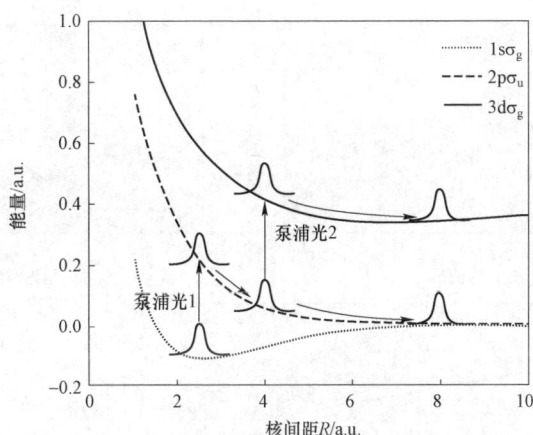

图 4-23　在两束共振泵浦光的作用下，T$_2^+$在不同电子态的核运动示意图。
第一束泵浦脉冲（$\lambda_{pump2}=148$ nm，$I_{pump1}=10^{13}$ W/cm^2，$t_{tot1}=2$ fs）将波包激发到 $2p\sigma_u$ 态，当波包运动到 4 a.u.时，第二束泵浦脉冲（$\lambda_{pump2}=127$ nm，$t_{tot2}=2$ fs）将部分波包从 $2p\sigma_u$ 态激发到 $3d\sigma_g$ 态。

改变第二束泵浦光的强度时，图 4-24（a）到图 4-24（c）给出了随着 t_{del} 变化的谐波谱。为了方便观察，图中只给出了 50 阶到 150 阶的谐波谱，其中（a）$I_{pump2}=10^{11}$ W/cm^2、（b）$I_{pump2}=10^{12}$ W/cm^2 和（c）$I_{pump2}=10^{13}$ W/cm^2。图 4-24（d）到图 4-24（f）为相应 $2p\sigma_u$ 态（点线）与 $3d\sigma_g$ 态（实线）的布居数，分别标记为 P$_{2p}$ 和 P$_{3d}$。从图 4-24（f）中可以观察到，当第二束泵浦光的强度从 10^{11} W/cm^2 增加到 10^{13} W/cm^2 时，$3d\sigma_g$ 态的布居数由 3.0×10^{-4} 增加到了 3.0×10^{-2}（如图中实线所示）。此外，从图 4-24（c）中可以观察到很明显

的红移现象（如斜线所示）。为了探究长波长条件下，红移现象的潜在物理机制，图 4-25 给出了 t_{del} = 4.5 fs 时，I_{pump2} = 10^{11} W/cm^2 和 I_{pump2} = 10^{13} W/cm^2 情况下的谐波谱。可以观察到，虽然两种条件下谐波效率相近，但后者在 60 阶到 140 阶谐波调制较大。该段谐波谱与发生红移的谐波区域一致。也就是说，处于相干叠加态的分子体系，在长波长条件下出现的红移现象，与谐波的调制密切相关。

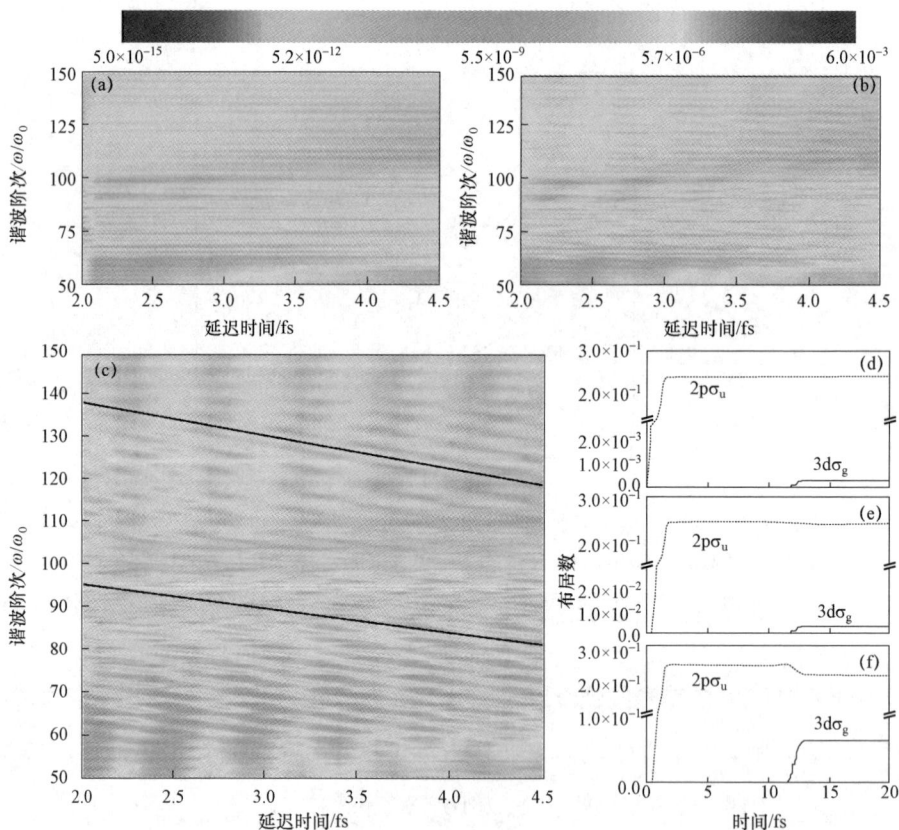

图 4-24 （a）～（c）第二束泵浦光强度不同时在探测场（λ_{probe} = 1 600 nm，
I_{probe} = 3.0×10^{14} W/cm^2，t_{tot} = 10 fs）随 t_{del} 改变的第 50 th-150 th 谐波谱：
（a）I_{pump2} = 10^{11} W/cm^2；（b）I_{pump2} = 10^{12} W/cm^2；（c）I_{pump2} = 10^{13} W/cm^2。
（c）图中斜线代表随 t_{del} 的改变谐波阶次的移动。（d）～（f）为
三种条件下 $2p\sigma_u$ 态（点线）与 $3d\sigma_g$ 态（实线）布居数。

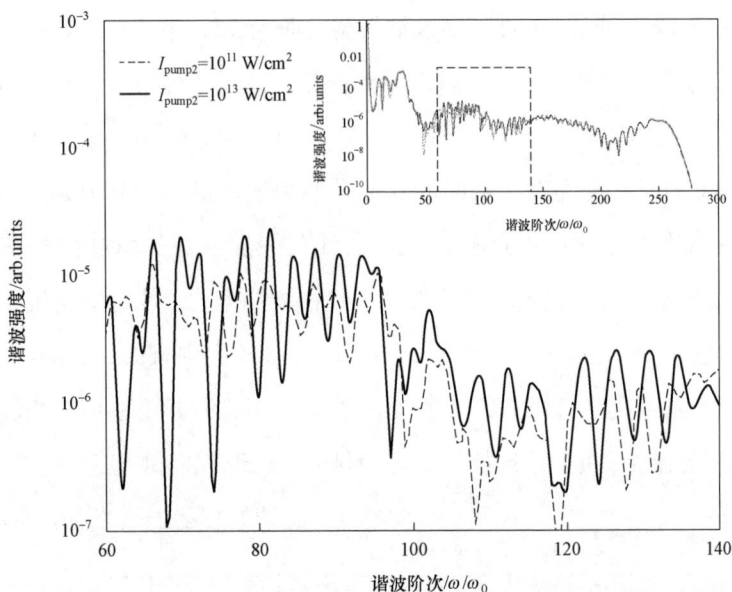

图 4-25　$t_{\text{del}} = 4.5$ fs 时，$I_{\text{pump2}} = 10^{11}$ W/cm^2（虚线）和
$I_{\text{pump2}} = 10^{13}$ W/cm^2（实线）情况下的谐波谱

　　为了研究红移的物理机制，在考虑多次回碰的情况下，建立多电子态条件下，谐波产生过程的物理图像。如图 4-26（a）所示，对于 $I_{\text{pump2}} = 10^{11}$ W/cm^2 的情况，$P_{2p} \gg P_{3d}$，处于 $2p\sigma_u$ 态和 $3d\sigma_g$ 态的电子均可以贡献谐波的产生。在长波长的探测场中，$2p\sigma_u$ 态的电子在 A 点电离，在外场中加速获得能量。经过半个光周期探测场反向，电离电子返回并与母核在 B 附近复合，即第一次回碰（记为通道 11 如实线所示）。同理，$3d\sigma_g$ 态的电子可以通过通道 21 贡献谐波（如虚线所示）。此外，处于 $2p\sigma_u$ 态的电子，在 B 附近可能并没有与母核复合（空心圆）而是在探测场中继续加速，最后在 C 附近与母核复合，即第二次回碰（点线），记为通道 12。然而，当 $I_{\text{pump2}} = 10^{13}$ W/cm^2 时，$P_{2p} < 10 P_{3d}$。由于 $3d\sigma_g$ 态的电离势小于 $2p\sigma_u$ 态，$3d\sigma_g$ 态的电离控制整个谐波产生的电离过程。除通道 21 外，$3d\sigma_g$ 态未散射的电子可以通过二次回碰，在 C 附近与母核复合，释放谐波，即通道 22（点划线）。在 A 点，$3d\sigma_g$ 态的电子会迅速电离，在 B 和 C 附近则很少有电子继续电离。此时，B 和 C 附近的电离主要来源于 $2p\sigma_u$ 态的电子。总的来说，当 $3d\sigma_g$ 态的布居数较少时主要由通

道 11，通道 12 和通道 21 贡献谐波的发射，而当 $3d\sigma_g$ 态的布居数较大时则由通道 21，通道 22 和通道 11 贡献谐波的产生。通过小波分析，图 4-26（b）、图 4-26（c）分别给出 $t_{del} = 4.5$ fs 时，$I_{pump2} = 10^{11}$ W/cm^2 和 $I_{pump2} = 10^{13}$ W/cm^2 两种情况下的时频分布图。从时间和能量的角度，进一步分析处于相干叠加态的体系高次谐波的产生过程。图中曲线代表探测激光脉冲的外包络。从图 4-26（c）中可以观察到，多个轨道贡献谐波的产生，此时会出现明显的红移现象如图 4-24（c）所示。因此，T.Bredtmann 研究中有关 800 nm 探测场中红移现象的物理机制（即源于半周期内单路径回碰）并不适用于长波长探测场。究竟是什么原因引起长波长探测场中出现红移现象呢？当 $I_{pump2} = 10^{13}$ W/cm^2 时，不仅在 3.5fs 附近（B 附近）的谐波发射通道增强，与此同时，

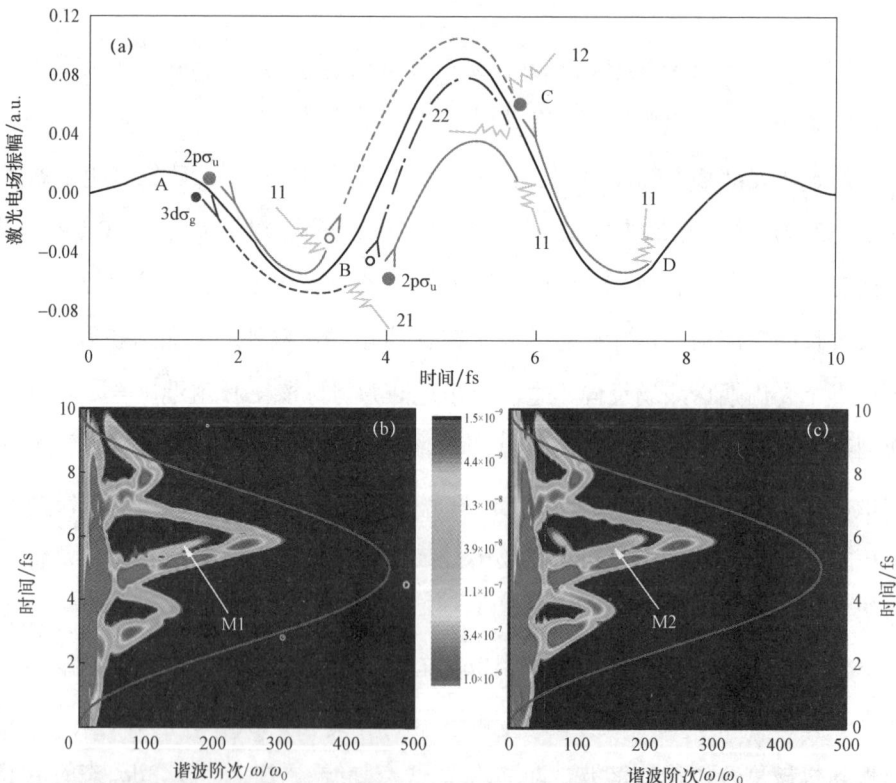

图 4-26 （a）探测场中电子运动示意图。实线和虚线（点线和点划线）分别代表 $2p\sigma_u$ 态和 $3d\sigma_g$ 态的第一次回碰过程（第二次回碰过程）。（b）和（c）在 $t_{del} = 4.5$ fs，$I_{pump2} = 10^{11}$ W/cm^2 和 $I_{pump2} = 10^{13}$ W/cm^2 两种条件下的时频分布图。曲线为探测场的外包络。

在 5.5fs 附近（C 附近）的内嵌通道显著增强也。根据上文电子的运动分析可知，这个内嵌通道为二次回碰通道。如图 4-26（b）所示，当第二束泵浦光的强度较低时，该二次通道（标记为 M1）来源于 $2p\sigma_u$ 态的电子（即通道 12）。如图 4-26（c）所示，强度较高时该通道（标记为 M2）来源于 $3d\sigma_g$ 态的电子（即通道 21）。由于激光啁啾与频率啁啾相似，在激光的上升沿，$\partial I(t)/\partial t > 0$ 可以引起谐波频率的蓝移；在下降沿，$\partial I(t)/\partial t < 0$ 则会引起谐波频率的红移。虽然，在 B 附近谐波发射明显增强，此时，探测激光场处于上升沿，不会引起谐波的红移现象。因此，谐波频率的红移现象主要归因于 $3d\sigma_g$ 态电子的二次回碰。

为了进一步探索长波长探测激光条件下出现红移现象的物理机制，图 4-27（a）和图 4-27（b）分别给出了 $I_{pump2} = 10^{13}$ W/cm^2 情况下，$t_{del} = 2.0$ fs 和 $t_{del} = 4.5$ fs 时的时频分布图。整个二次回碰过程都发生在探测激光场的下降沿（即 $\partial I(t)/\partial t < 0$）。此外，随着 t_{del} 增加，$3d\sigma_g$ 态电子电离显著增强。如图 4-27（b）所示，当 $t_{del} = 4.5$ fs 时，二次回碰过程对谐波发射的影响较大。与 $t_{del} = 2.0$ fs 相比，该过程趋向于较迟的时间发生。由于不同的时刻，二次回碰贡献于不同的谐波阶次。图 4-27（c）和图 4-27（d）分别给出了 $t_{del} = 2.0$ fs（点线）和 $t_{del} = 4.5$ fs（实线），85 阶和 120 阶谐波强度随时间的变化图。从图中可以看出，$t_{del} = 2.0$ fs 时，二次回碰的发生时间要早于 $t_{del} = 4.5$ fs 的情况。即随着 t_{del} 的增加，二次回碰过程在较迟的时间发生，因而，可以在图 4-24（c）中观察到谐波的红移现象。

接下来，将通过对二次回碰过程的操控，进一步验证长波长条件下谐波红移的物理机制。根据"三步模型"，减弱电离过程或增强加速过程均可实现对二次回碰过程的抑制。事实上，前文有关 $2p\sigma_u$ 态和 $3d\sigma_g$ 态不同的布居数条件下谐波产生的讨论，正是对电离过程操控的体现。在这一部分，保持电离过程不变，通过增强加速过程来实现对二次回碰过程的操控。

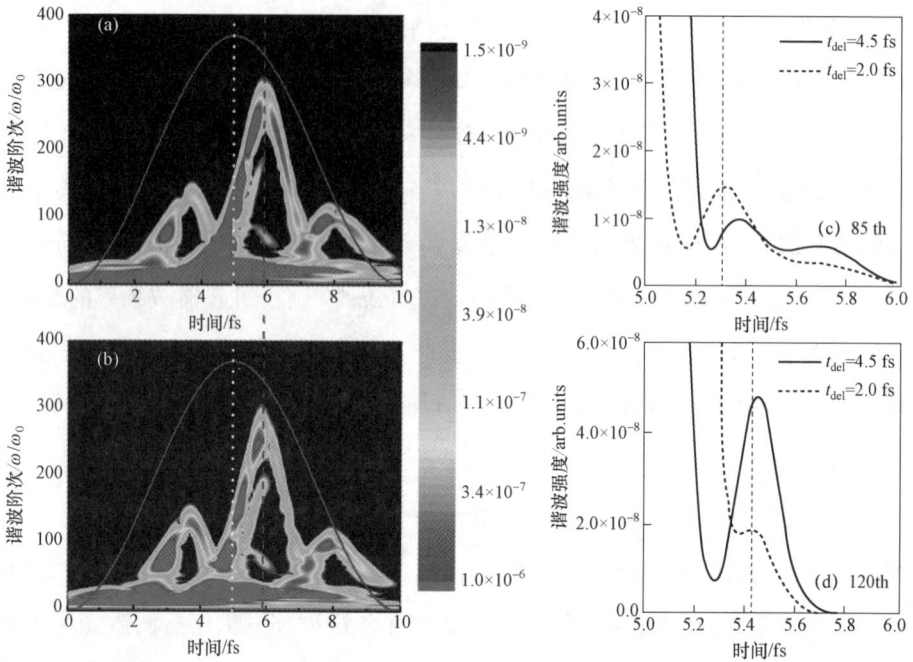

图 4-27 （a）和（b）为 $I_{pump2} = 10^{13}$ W/cm², $t_{del} = 2.0$ fs 和 $t_{del} = 4.5$ fs 所对应的时频图。
点线和虚线分别代表 $t_{del} = 2.0$ fs 时，探测场的最大值和发生二次回碰的最大时间。
（c）和（d）分别为 $t_{del} = 2.0$ fs 和 $t_{del} = 4.5$ fs 时 85 阶和 120 阶谐波的强度变化图。
虚线表示在 $t_{del} = 2.0$ fs 时二次回碰对应的最大强度。

基于图 4-26（a）的相关讨论，可知二次回碰主要来自在 A 峰值附近电离的电子。首先，采用高斯包络且半宽为 6 fs 的脉冲，实现保持 A 峰值不变来，增强加速过程如图 4-28（b）所示。为了便于比较观察，图 4-26（a）与图 4-26（c）中探测场示意图和时频图分别在图 4-28（a）和图 4-28（c）中再次给出。从图 4-28（b）中可以看到，峰值 A1 与峰值 A 大小相同而峰值 B1 小于峰值 B（如虚线所示）。然而，在高斯场中从 A1 峰值电离的电子会经历较长的加速时间。如时频图中双箭头所指，图 4-28（d）中二次回碰过程比 sin² 场中弱。接下来，在强度为 3.5×10^{14} W/cm² 的高斯场中引入强度为 1.75×10^{14} W/cm² 的静电场，进一步增强电离电子的加速过程（如图 4-28（a）所示）。如实线所示，复合场中的加速时间要远大于单色高斯场中的加速时间。在这种情况下，二次回碰过程得到明显抑制［如图 4-28（b）所示］。图 4-29

（c）和图 4-29（d）给出了复合场中，随 t_{del} 改变的谐波图：图 4-29（c）为从 200 阶到 400 阶，图 4-28（d）为从 80 阶到 140 阶。正如预期，图 4-24 中观察到的红移现象在复合场条件下几乎完全消失。综上所述，处于多态的 T_2^+ 体系，在长波长条件下谐波频率出现的红移现象主要来源于 $3d\sigma_g$ 态电子的二次回碰过程。

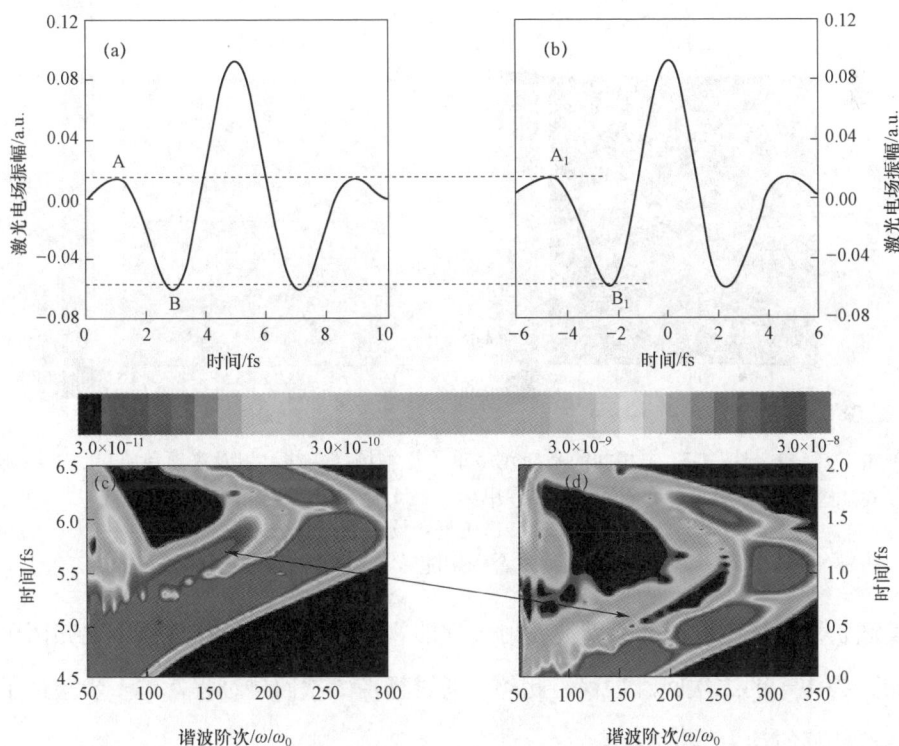

图 4-28　（a）和（b）外包络分别为 $\sin^2$ 型（$\tau_{sin}=5$ fs）和高斯型（$\tau_{gua}=6$ fs）探测电场示意图。两种条件下激光的波长和强度分别为 1 600 nm 和 3.0×10^{14} W/cm²。
（c）和（d）分别为 $t_{del}=4.5$ fs 时两种激光场中的时频分布图。

本节通过建立三态量子计算模型，研究了处于相干叠加态 T_2^+ 体系谐波发射过程。基于泵浦-探测技术，通过两束泵浦光将处于 $1s\sigma_g$ 态的 T_2^+ 体系激发到 $2p\sigma_u$ 态与 $3d\sigma_g$ 态的叠加态。在少周期 1 600 nm 探测场中，随着 $3d\sigma_g$ 态布居数的增加，在谐波谱上可以观察到明显的红移现象。通过建立多态条件下，

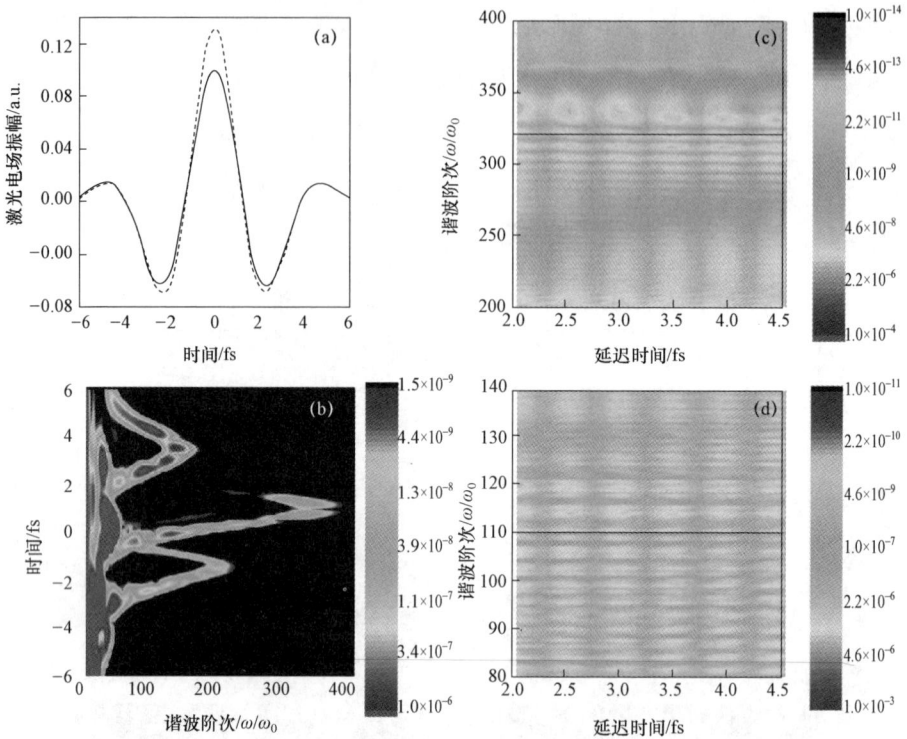

图 4-29 （a）与图 4-27 中相同的高斯包络单色探测场（实线）以及高斯包络单色探测场（$\tau_{gua} = 6$ fs，$I = 3.5 \times 10^{14}$ W/cm^2）与静电场（$I = 1.75 \times 10^{14}$ W/cm^2）的复合场（虚线）。
（b）$t_{del} = 4.5$ fs 时，T$_2^+$在复合场中的时频分布图。
（c）和（d）分别为复合场中随着 t_{del} 改变的谐波谱图。

长波长激光场中分子体系谐波发射过程的物理图像，该红移现象主要归因于 $3d\sigma_g$ 态电子的二次回碰过程。此外，通过操控二次回碰过程，进一步验证了谐波红移的动力学机制。

4.5　二维条件下 H$_2^+$高次谐波产生的电子跃迁动力学研究

　　本节将在二维条件下，进一步讨论强激光作用下，电子跃迁对 H$_2^+$高次谐波产生过程的影响。基于玻恩-奥本海默近似，二维含时薛定谔方程表示为：

$$i\frac{\partial}{\partial t}\psi(x,y;t)=[\hat{H}_0(x,y)+\vec{E}(t).\vec{r}]\psi(x,y;t) \tag{4-30}$$

$$\hat{H}_0(x,y)=-\frac{1}{2}\frac{\partial^2}{\partial x^2}-\frac{1}{2}\frac{\partial^2}{\partial y^2}+V_c(x,y) \tag{4-31}$$

$$V_c(x,y)=-\frac{1}{\sqrt{\left(x-\frac{R}{2}\cos\theta\right)^2+\left(y-\frac{R}{2}\sin\theta\right)^2+a}}$$
$$-\frac{1}{\sqrt{\left(x+\frac{R}{2}\cos\theta\right)^2+\left(y+\frac{R}{2}\sin\theta\right)^2+a}} \tag{4-32}$$

公式（4-32）中 $a=0.5$，θ 表示 H_2^+ 的倾向角。激光场形式如下：

$$E(t)=E_0\sin^2\left(\frac{\pi t}{\tau}\right)\cos(\omega t)+\beta E_0 \tag{4-33}$$

在数值模拟过程中，激光总持续时间为 10 fs，激光波长为 1 200 nm。β 用来调节静电场强度。

图 4-30 展示了在波长为 1 200 nm，激光强度为 3×10^{14} W/cm² 激光作用下，不同核间距条件下的 H_2^+ 高次谐波谱。如图 4-30（a）所示，与核间距 $R=4$ a.u. 条件下的高次谐波谱相比，随着核间距的增加（从 $R=8$ a.u. 到 $R=9.6$ a.u.），在谐波高阶部分 125 阶会出现明显的极小值。也就是说谐波极小值对核间距非常敏感。极小值的位置与短量子路径中的缺口相对应。由于气体高次谐波产生过程中受传播效应的影响，长量子路径的贡献可以忽略。为了探究极小值的动力学机制，在数值模拟过程中，通过调节吸收边界滤掉长量子路径，仅考虑短量子路径对谐波的贡献，如图 4-30（b）所示。从图中可以观察到，当只有短量子贡献时，谐波极小值更加明显。下面将基于短量子路径分析极小值的动力学机制。

对于 H_2^+ 体系，在大核间距条件下，基态（$1s\sigma_g$）与第一激发态（$2p\sigma_u$）的耦合作用增强。在强激光的作用下，电子在两个电子态之间往复振荡。这一跃迁过程在高次谐波产生过程起着重要作用。图 4-31（a）和图 4-31（c）分别展示了 $R=4$ a.u. 以及 $R=8.8$ a.u. 条件下的时频分布图。图 4-31（b）和图 4-31

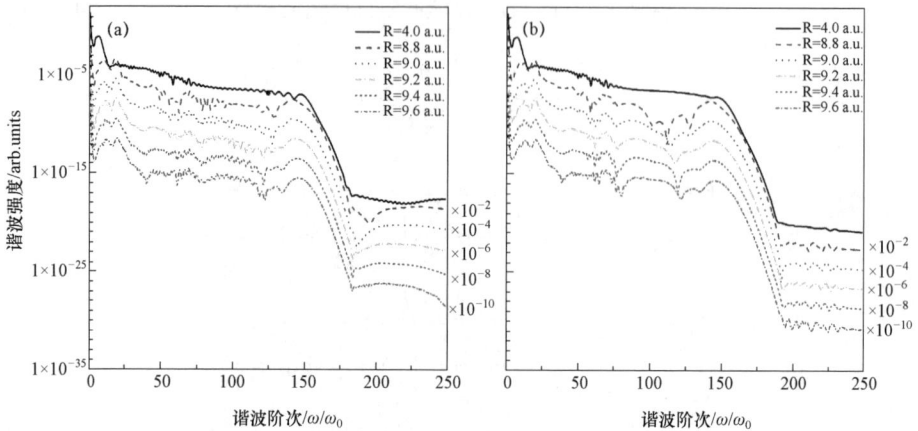

图 4-30　不同核间距条件下的高次谐波谱。(a) 同时考虑长短量子路径的贡献；(b) 只考虑短量子路径的贡献。激光波长为 1 200 nm，激光强度为 3×10^{14} W/cm^2。

(d) 分别为两种核间距条件下，对应基态与第一激发态的电子布居数分布图。如图 4-31 (a) 所示，当 $R=4$ a.u.时，时频分布图中无缺口，相应的谐波谱上不存在极小值。然而，随着核间距的增加，当 $R=8.8$ a.u.时，时频分布图中会出现明显的缺口。电离过程是高次谐波产生过程中的第一步，对谐波发射具有重要的影响。从图 4-31 (c) 中可以观察到，缺口主要出现在 1.25 o.c.，相应的电离过程应发生在 0.75 o.c.。对比 $R=4$ a.u.与 $R=8.8$ a.u.两种条件下，基态与第一激发态电子布居数的变化。当 $R=8.8$ a.u.时，电子在基态和第一激发态的跃迁频率在 0.75 o.c.非常高。然而，当 $R=4$ a.u.时，电子则主要分布在基态。换句话说，$R=4$ a.u.时，电子在基态和第一激发态的跃迁频率远小于 $R=8.8$ a.u.时电子在两个电子态的跃迁频率。因此，电离峰直接影响电子在基态和第一激发态的跃迁频率，进而影响谐波极小值的产生。

为了检验上述分析的准确性，基于公式（4-33）所示的复合激光场，进一步探究 H$_2^+$高次谐波产生。如图 4-32 (a) 分别展示了三种复合激光场，A 激光场对应 $I=3 \times 10^{14}$ W/cm^2，$\beta=0$；B 激光场对应 $I=2.5 \times 10^{14}$ W/cm^2，$\beta=0.09$；C 激光场对应 $I=3.3 \times 10^{14}$ W/cm^2，$\beta=-0.039$。从图中可以观察到，

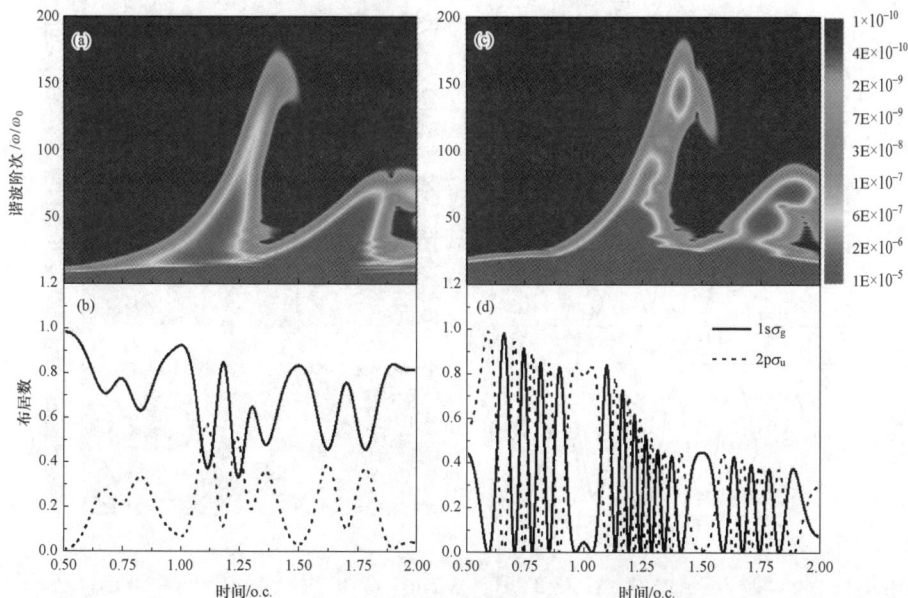

图 4-31 （a）和（c）分别为 $R=4$ a.u.及 $R=8.8$ a.u.条件下对应的时频分布图。（b）和（d）为
对应基态和第一激发态的布居数分布图。

通过改变激光强度以及 β 参数，可以调节 0.75 o.c.对应的电离峰并保持 1.25 o.c.对应的回碰峰不变。B 类激光对应的电离峰小于 A 类激光的电离峰。为了进一步分析电子在基态和第一激发态跃迁过程对高次谐波产生的影响，图 4-32（b）描述了 A 类激光场和 B 类激光场两种条件下，基态电子布居数的变化。B 类激光场条件下，0.75 o.c.附近电离峰的减弱，电子的跃迁频率明显小于 A 类激光场条件下的跃迁频率。对比图 4-32（d）与图 4-32（e）中两类激光场条件下的时频分布图，可以发现，随着电子跃迁频率的减小，短量子路径中的缺口消失。在 C 类激光条件下，电子跃迁增加如图 4-32（c）所示，相应短量子路径的缺口显著增强如图 4-32（f）所示。事实上，在强激光场中，电离过程与电子跃迁过程相互竞争。随着核间距的增加，基态与第一激发态的耦合作用增强。因此，随着电离峰的增强，在大核间距条件下，电子跃迁过程强于电离过程，相应地谐波释放过程受到抑制。

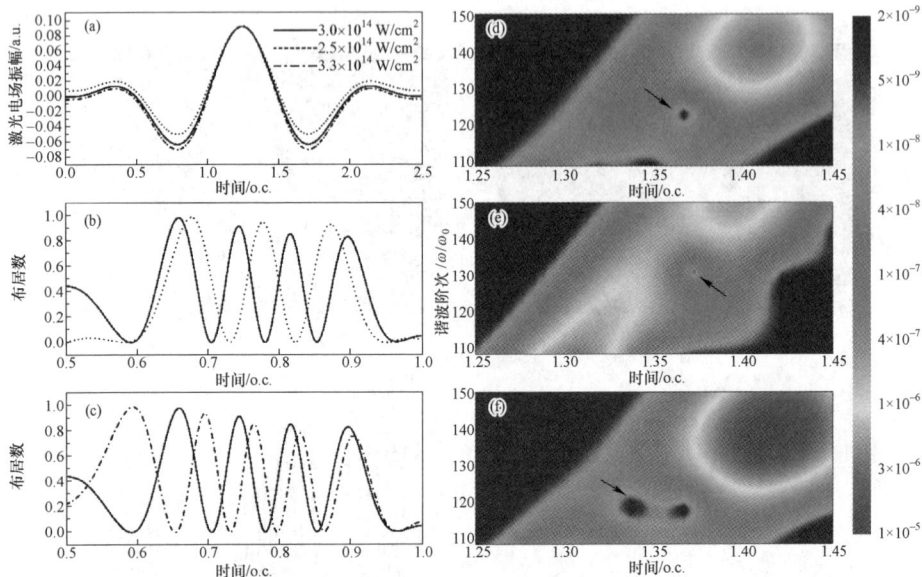

图 4-32 （a）复合场示意图：A：$I=3\times10^{14}$ W/cm^2，$\beta=0$（实线）；B：$I=2.5\times10^{14}$ W/cm^2，$\beta=0.09$（虚线）；C：$I=3.3\times10^{14}$ W/cm^2，$\beta=-0.039$（虚点线）。（b）和（c）分别对应三种复合场条件下对应的基态布居数分布。（d）～（f）为相应的时频分布图。

图 4-33（a）展示了倾向角从 $\theta=0°$ 到 $\theta=90°$ 对应的高次谐波谱。随着倾向角增加，谐波极小值逐渐变弱，在 $\theta=60°$ 和 $\theta=90°$ 时极小值消失。图 4-33（b）～（e）为相应倾向角条件下，基态与第一激发态的布居数分布图。从图中可以观察到，电子在基态与第一激发态之间的跃迁频率随着倾向角的增加而减小。在 $\theta=90°$ 时，电子主要分布在基态，电子跃迁过程可以忽略，相应谐波谱上的极小值消失。因此，谐波极小值可以用来探测电子在基态与第一激发态的跃迁过程，而且也可以用来探测分子的倾向角。

综上所述，本节通过求解二维条件下的含时薛定谔方程，探究了不同核间距条件下 H$_2^+$ 高次谐波产生。结果表明，核间距大于 8.8 a.u.时，谐波谱高阶部分会出现极小值，而且该极小值对应短量子路径的缺口。通过调节复合激光场参数以及分子倾向角，谐波极小值主要归因于电子在基态与第一激发态的跃迁过程与电离过程相互竞争。大核间距条件下，两电子态耦合作用增强，跃迁频率增加抑制了电离过程。因此，大核间距条件下，谐波极小值可以编码电子跃迁动力学信息，也可以用来探测分子的倾向角。

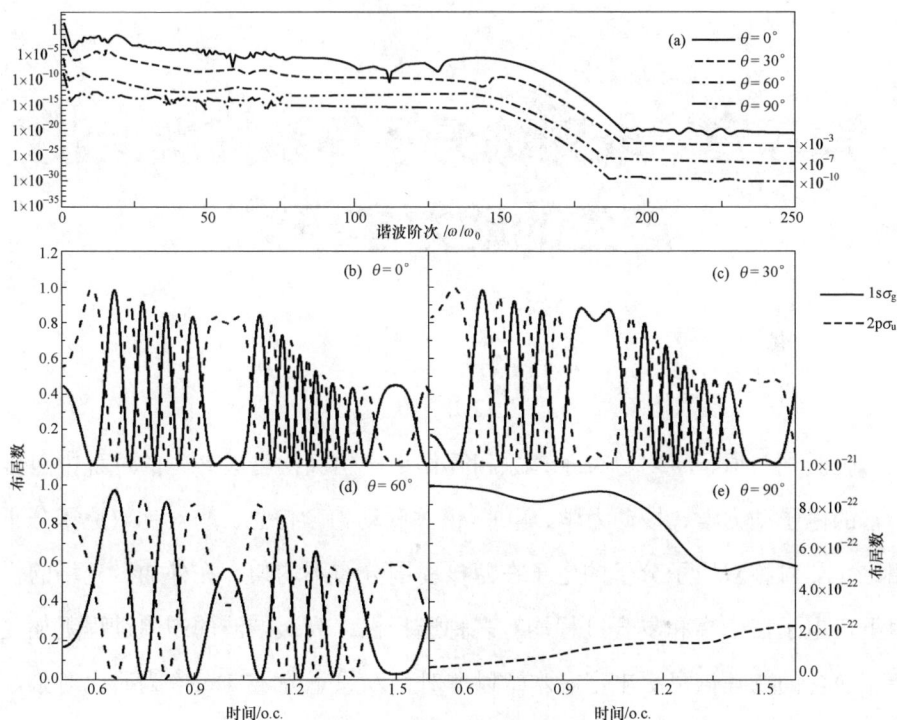

图 4-33　（a）不同倾向角条件下的高次谐波谱。（b）～（e）不同倾向角条件下基态与第
一激发态的布居数分布图。

第 5 章　非对称分子体系高次谐波产生的动力学研究

强激光与原子、对称分子体系相互作用产生高次谐波产生的过程中包含丰富的电子动力学、核动力学、电子-核关联动力学信息。与对称双原子分子相比，非对称双原子分子的电子在两核周围分布不均匀。在外加激光场的作用下，电子在电离和复合过程均有多种选择性，高次谐波的产生过程更加复杂，包含的物理信息更丰富。本章以非对称双原子分子 HeH^{2+} 为研究对象，系统探究线偏振及椭圆偏振激光场中 HeH^{2+} 高次谐波产生的特点和规律，分辨贡献谐波产生的量子通道，建立清晰的高次谐波产生物理图像。

5.1　一维条件下 HeH^{2+} 体系高次谐波产生的电子动力学研究

强场中原子及对称分子体系高次谐波产生过程已经得到了广泛的研究，取得了丰硕的研究成果。这些研究成果不仅为分子轨道成像、核运动探测以及电子动力学探测奠定了良好的理论基础，也极大地推动了强场中高次谐波产生的发展。虽然"三步模型"能够解释谐波的截止能量，然而，该模型在描述电子的电离及复合过程时，仅考虑了基态的影响，忽略了分子结构及激发态在高次谐波发射过程的作用。与对称双原子分子相比，如图 5-1 所示，

非对称双原子分子 HeH^{2+} 具有长寿命的激发态。电子在电离过程中既可以从基态 $1s\sigma$ 电离，也可以从激发态 $2p\sigma$ 电离。电离电子在外加激光驱动下，在复合过程中同样有两种选择，产生高次谐波时丰富的物理信息。因此，非对称分子体系如 HeH^{2+} 体系高次谐波产生的相关研究得到了广泛关注。

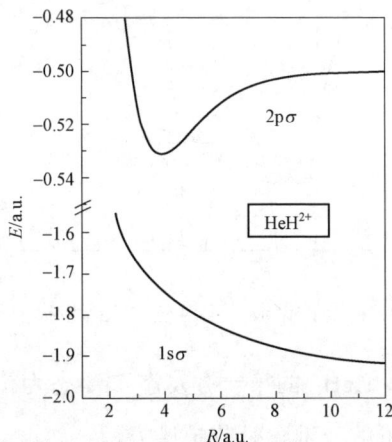

图 5-1　HeH^{2+} 基态（$1s\sigma$）与第一激发态（$2p\sigma$）势能曲线图

　　华中科技大学陆培祥教授等人基于 HeH^{2+} 电离不对称性，在多周期双色场中实现了对量子通道的调控，最终合成孤立阿秒脉冲。陕西师范大学陈彦军教授等人基于量子轨道理论，利用 HeH^{2+} 谐波发射时间探测激发态在高次谐波产生过程中的作用，而且发现永久偶极矩可以用来探测分子的倾向度。南京理工大学陆瑞锋教授等人通过控制 HeH^{2+} 电子局域分布，利用低阶谐波获得了高强度孤立阿秒脉冲。基于场致电子跃迁理论及"四步模型"，HeH^{2+} 高次谐波谱上共振峰的出现、截止能量的增大以及谐波的非绝热红移现象得到了有效解释。如图 5-2 所示，与"三步模型"相比，在"四步模型"中存在基态电子在外加激光作用下被激发到激发态的过程，即激发-电离-加速-复合。以上研究结果忽略了核运动的影响，为了准确描述物理图像，本节将基于电子-核关联的一维量子计算模型，进一步评估核运动及激发态在 HeH^{2+} 高次谐波产生过程的作用，分辨贡献谐波辐射的量子路径。

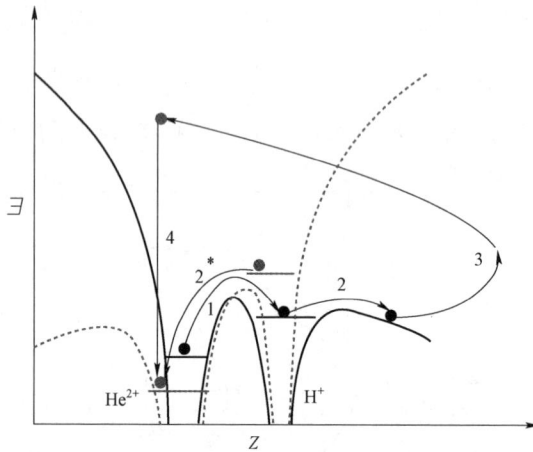

图 5-2　HeH^{2+}高次谐波产生对应的"四步模型"示意图

在研究过程中选取 HeH^{2+}的第一激发态 2pσ态为初始态，数值求解非玻恩-奥本海默近似条件下的一维含时薛定谔方程：

$$i\frac{\partial \psi(R,z;t)}{\partial t} = [H_0 + V(t)]\psi(R,z;t) \tag{5-1}$$

其中 $H_0 = T_N + T_E + V_C$ 是无激光场作用时的哈密顿量：

$$T_N = -\frac{1}{2\mu_N}\frac{\partial^2}{\partial R^2}, \quad T_E = -\frac{1}{2\mu_E}\frac{\partial^2}{\partial z^2} \tag{5-2}$$

$$V_C = \frac{C_{He}C_H}{\sqrt{R^2 + a}} - \frac{C_H}{\sqrt{(z-z_H)^2 + b}} - \frac{C_{He}}{\sqrt{(z-z_{He})^2 + b}} \tag{5-3}$$

R 与 z 分别代表核间距与电子坐标，C_{He} 与 C_H 为 He^{2+}与 H$^+$所带的电荷量。

$z_{He} = -\dfrac{M_H R}{M_H + M_{He}}$ 及 $z_H = \dfrac{M_{He}R}{M_H + M_{He}}$ 为这两个核的位置。$\mu_N = \dfrac{M_H M_{He}}{M_H + M_{He}}$ 与

$\mu_E = \dfrac{M_H + M_{He}}{M_H + M_{He} + 1}$ 为核与电子的约化质量，其中 M_{He} 和 M_H 指 He^{2+}与 H$^+$的质量。软化参数 $a = 0.01$，$b = 0.3$ 以满足第一激发态的电离能及平衡位置分别为 1.03 a.u.和 3.89 a.u.。

外场与 HeH^{2+}的相互作用势可以表示为：

$$V(t) = \left[\frac{C_{He}M_H - C_H M_{He}}{M_H + M_{He}} R + \left(1 + \frac{C_H + C_{He} - 1}{M_{He} + M_H + 1} \right) z \right] \times E(t) \qquad (5\text{-}4)$$

$$E(t) = E_0 f(t) \cos(\omega t) \qquad (5\text{-}5)$$

5.1.1　HeH²⁺体系高次谐波产生过程中多通道回碰的研究

对于 HeH²⁺，第一激发态 2pσ态具有较长的寿命，这一特性使得波包能够在该态上稳定存在。当强激光与 HeH²⁺相互作用时，波包可以在 2pσ态与 1sσ态之间跃迁。当 HeH²⁺处于 1sσ态时，电子主要位于 He²⁺周围。处于 2pσ态时，电子主要位于 H⁺周围。波包在 2pσ态与 1sσ态之间跃迁时，电子将会在 H⁺与 He²⁺周围跃迁。因而，在强激光的作用下，电子既可以从 H⁺周围电离，也可以从 He²⁺周围电离。电离电子在外场中加速，从而获得能量。在回碰过程中，这些电子既可以与 H⁺复合，也可以与 He²⁺复合，并释放高能光子。因此，多个回碰通道共同贡献不对称分子 HeH²⁺的谐波发射。

图 5-3 展示了 HeH²⁺谐波发射过程中的多通道回碰物理图像。实线和虚线分别代表 F＞0 和 F＜0 时库仑势和静电场势的复合势。|F|代表激光的峰值强度。图 5-3（a）描述基于 2pσ态电子电离（即 H⁺周围电子的电离）的回碰通道。一方面，H⁺周围的部分电子（空心方框）在电场达到峰值强度时被电离。然后，电离电子（实心三角形）在外场的作用下做加速运动。当电场反向后，电子可能与异核复合（通道 1：H→e→He）也可能与同核复合（通道 2：H→e→H）如实线箭头所示。另一方面，H⁺周围的其余电子则可能直接从 H⁺跃迁到 He²⁺（如点线箭头所示）。当电场反向时，这些电子（实心方框）返回与 H⁺复合（通道 3：H→He→H）。根据"三步模型"，发射谐波的能量与加速过程密切相关。电离电子在外场中经历的加速时间越长，其获得的谐波能量越高。所以，由以上三个通道获得的谐波能量依次降低。图 5-3（b）描述了基于 1sσ态电子电离（即 He²⁺周围电子的电离）的回碰通道。当电场强度达到负峰值时，He²⁺周围的部分电子（空心圆）会被激发到 H⁺周围（如点线箭头所示）。半个光周期以后，部分激发电子（实心方框）与 He²⁺复合（通

道 4：He→H→He），并发射出较强的低阶谐波。此外，被激发到 H$^+$ 周围的部分电子，也可能直接电离，相应的回碰通道如上文所述。在激光的作用下，He^{2+} 周围的部分电子也会直接电离。这些电离的电子（实心三角形）在外场中被加速，随后返回与邻核 H$^+$ 复合（通道 5：He→e→H）或与母核 He^{2+} 复合（通道 6：He→e→He）并发出谐波光子。

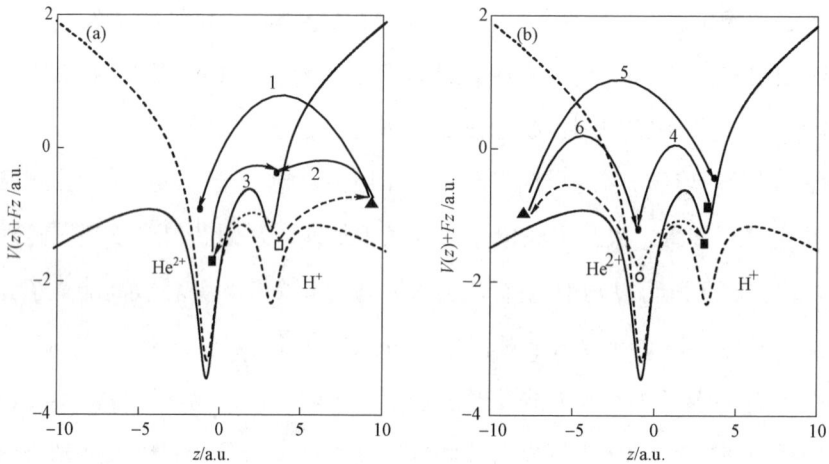

图 5-3　HeH^{2+} 高次谐波产生过程中的多通道回碰模型。（a）和（b）分别代表源于 2pσ 态（即 H$^+$ 周围）和 1sσ 态（即 He^{2+} 周围）的回碰通道。空心方框和空心圆代表处于 2pσ 态和 1sσ 态的电子，实心三角形（实心圆和实心方框）代表电离的电子（回碰的电子和跃迁的电子）。虚线箭头（实线箭头和点线箭头）代表电离过程（回碰过程和跃迁过程）。

通过以上分析，已经从理论上分析出所有基于 2pσ 态与 1sσ 态的复合通道。如何分辨 HeH^{2+} 谐波发射过程中的这六个通道呢？首先，选取较低峰值强度（$I = 8.0 \times 10^{13}$ W/cm^2）的梯形脉冲（波长为 1 200 nm）如图 5-4（a）所示。图 5-4（b）给出了初始电子-核波包概率密度图，其中 x 轴和 y 轴分别代表核坐标和电子坐标。可以明显观察到，在激光与 HeH^{2+} 作用之前，电子波包主要集中于 $z > 0$ 的区域。根据上文所述，电子概率密度分布在 $z > 0$ 的区域，描述处于 2pσ 态的电子波包围绕 H$^+$ 的运动，而分布在 $z < 0$ 的区域则描述处于 1sσ 态的电子波包围绕 He^{2+} 的运动。根据公式

$$P(z,t) = \int_0^R dR \left| \psi(R,z;t) \right|^2 \tag{5-6}$$

得到含时电子波包概率密度分布。如图 5-4（c）所示，该分布图直观描述了电子的运动。从图中可以看出，当激光强度较低时，电子概率密度主要分布在 A 区域。也就是说当体系处于较低的激光强度时，电子主要分布在 $2p\sigma$ 态，并且电子围绕 H^+ 运动。$2p\sigma$ 态的电离势较低，激光强度较低时，H^+ 周围的电子仍然可以被电离。在这种情况下，图 5-3（a）中所示的三个通道可能贡献谐波发射。为了分辨这些通道，如图 5-4（d）展示了相应的时频图。从图中可以看到，有三个明显的回碰通道：通道 1 具有较高的谐波能量为异核复合 $H \to e \to He$，通道 2 为同核复合 $H \to e \to H$，缺少加速过程的通道 3 谐波能量最低即 $H \to He \to H$。因此，在低强度激光作用下，HeH^{2+} 谐波发射主要由基于 $2p\sigma$ 态的三个回碰通道贡献。

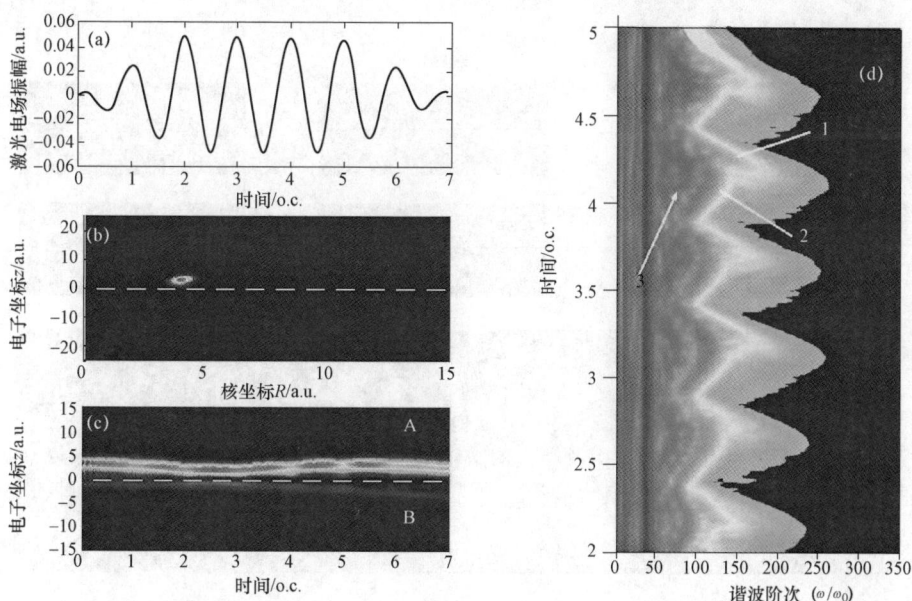

图 5-4　（a）波长为 1 200 nm，激光强度为 $I = 8.0 \times 10^{13}$ W/cm² 的激光电场。激光持续时间为 7 o.c.。（b）初始电子-核波包概率密度。（c）电子在激光场中的运动。（d）从 $t = 2$ o.c. 到 $t = 5$ o.c. 的时频分布图。

当激光强度增加时，波包在两个电子态之间跃迁。为了分辨谐波发射过程中其余的三个通道，将激光强度增加到较高值即 $I = 1.0 \times 10^{15}$ W/cm^2。图 5-5 前两行给出了从 $t = 3.0$ o.c.到 $t = 5.5$ o.c.这一时间段内电子-核波包概率密度的分布，第三行给出了相应的时频分析图。从电子-核波包概率密度图上，可以清晰地观察到在 $t = n$ o.c.（$n = 3$，4，5）时，大量电子分布在 He^{2+} 周围。由于当 $t = n$ o.c.时，电场达到正峰值强度，此时激光的偏振方向与 HeH^{2+} 的偶极矩方向相反。处于 H$^+$ 势阱中的电子，跃迁到由激光缀饰压低的 He^{2+} 的势阱中，并被 He^{2+} 俘获。因而，He^{2+} 周围的电子分布增加。然而，当 $t = (n + 0.5)$o.c.时，激光反向，He^{2+} 势阱被提高而 H$^+$ 势阱被压低。此时，H$^+$ 周围的电子很难被激发到 He^{2+} 周围，相应电子-核波包密度图上 He^{2+} 周围电子密度的分布小于 $t = n$ o.c.时电子密度的分布。当强度较高时，电子在两个核周围的分布呈现周期性的变化，这与低强度条件下电子只分布于 H$^+$ 周围形成鲜明的对比。

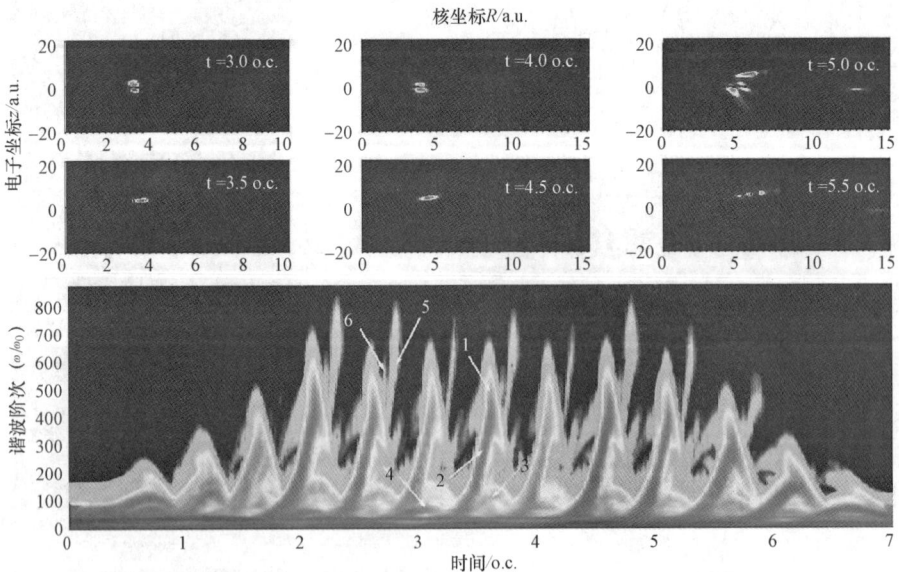

图 5-5　前两行描述了在较高激光强度 $I = 1.0 \times 10^{15}$ W/cm^2 条件下，从 $t = 3.0$ o.c.到 $t = 5.5$ o.c.时电子-核波包概率密度。第三行为相应的时频分布图

图 5-5 中时频分布图表明，在高强度下共有六个明显的通道贡献于谐波

发射。与图 5-4（c）中电子概率密度分布相比较，在高强度条件下，He^{2+} 周围大量电子的分布会显著影响谐波的发射。在高强度条件下，三个额外通道的增加则可能归因于 He^{2+} 周围电子的运动。通道 4 具有较低的谐波能量，并周期性地出现在 $t=n$ o.c.如 $t=4.0$ o.c.，这与电子从 He^{2+} 周围跃迁到 H^+ 周围密切相关。$t=3.5$ o.c.附近，处于被抬高的 He^{2+} 势阱中的电子，可以被泵浦到被压低的 H^+ 势阱中。半个光周期之后（即 $t=4.0$ o.c.），激光反向，He^{2+} 势阱被压低而 H^+ 势阱被抬高。此时，电子则可能直接从 H^+ 周围跃迁回到 He^{2+} 周围，出现了 $2p\sigma-1s\sigma$ 较强的共振现象，即图 5-3（b）中的 He→H→He 通道。该通道具有较强的谐波强度，只贡献于谐波的低阶区域。对于剩余的两个通道，由经典理论可知，较高的谐波能量与电离电子在外场的加速过程相关。通道 5 具有较高的谐波能量，且复合时间较晚，对应异核复合过程，即 He→e→H。通道 6 具有较低的谐波能量，且复合时间较早，则对应同核复合过程，即 He→e→He。此外，基于电子-核波包概率密度分布的量子解释，进一步证实了通道分辨的正确性。从图中可以看出，这两个通道的强度呈现周期性的变化，即在 $t=(n+0.5)$o.c.周围的强度明显大于 $t=n$ o.c.周围的强度。例如：在 $t=3.5$ o.c.周围回碰通道的强度（相应的电离时间为 $t_i=3.0$ o.c.）远大于 $t=4.0$ o.c.周围回碰通道的强度（$t_i=3.5$ o.c.）。如图 5-5 电子-核波包概率密度的分布所示，在 $t_i=3.0$ o.c.附近，He^{2+} 周围电子概率密度的分布远大于 $t_i=3.5$ o.c.附近 He^{2+} 周围电子概率密度的分布。此外，在 $t=3.0$ o.c.时，激光的偏振方向反平行于偶极矩的方向，与此同时，He^{2+} 核势阱被压得很低。因而，在 $t_i=3.0$ o.c.附近，从 He^{2+} 周围电离电子的概率较大，导致回碰通道的强度大于由 $t_i=3.5$ o.c.附近电离时回碰通道的强度。通道 5 的形成究竟源于与同核的复合还是异核的复合？考虑到在 $t=(n+0.5)$o.c.附近，通道 5 的强度远大于通道 6 的强度，而且在 $t=(n+0.5)$o.c.附近，H^+ 周围电子概率密度的分布远大于 He^{2+} 周围电子概率密度的分布（如 $t=3.5$o.c.，4.5o.c.，5.5o.c.）。因此，与 H^+ 的复合导致了通道 5 的形成，与 He^{2+} 的复合对应于通道 6 的形成。

如上所述，激光强度对谐波发射中的多通道回碰有重要影响。下面主要评估随激光强度的改变，各个回碰通道在谐波发射过程中的作用。由于谐波周期性发射，图 5-6 展示了从 $t = 3.0$ o.c.到 $t = 4.0$ o.c.一个光周期的时频分布图。可以看出不同的回碰通道在不同的时刻贡献于不同的谐波阶次。例如：通道 4（He→H→He）在 $t = 3.0$ o.c.附近主要控制 60 阶谐波。通道 3（H→He→H），通道 2（H→e→H）及通道 5（He→e→H）在 3.6 o.c.、3.5 o.c. 及 3.8 o.c.贡献 110 阶，200 阶及 600 阶谐波。通道 1（H→e→He）及通道 6（He→e→He）分别在 3.5 o.c.及 3.65 o.c.附近贡献 400 阶谐波。因此，这些特定时刻的谐波强度可以用来描述相应回碰通道在谐波发射过程中的作用。从图 5-6 中还可以看到，这些回碰通道在一个光周期内的两次谐波辐射过程中发挥不同的作用。特别是通道 4，在一个光周期内主要对第一次谐波辐射（前半个光周期的复合）有显著贡献，而在第二次谐波辐射（后半个光周期的复合）则基本不发挥作用。为了研究不同通道对谐波的作用，图 5-7 展示了激光强度从 7.0×10^{14} W/cm^2 增加到 1.0×10^{15} W/cm^2 时，六个通道在第一次谐波辐射（五角星）和第二次谐波辐射（实心圆）相应强度的变化。

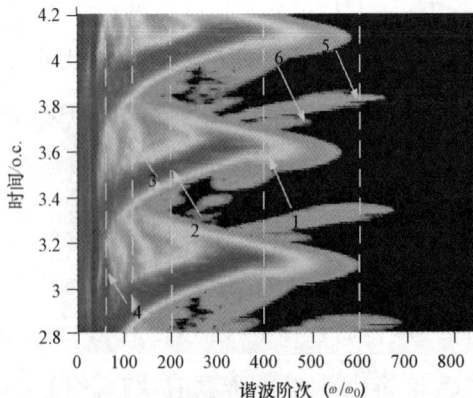

图 5-6　激光强度为 $I = 7.0 \times 10^{14}$ W/cm^2 时从 $t = 2.8$ o.c.到 $t = 4.2$ o.c.的时频分布图

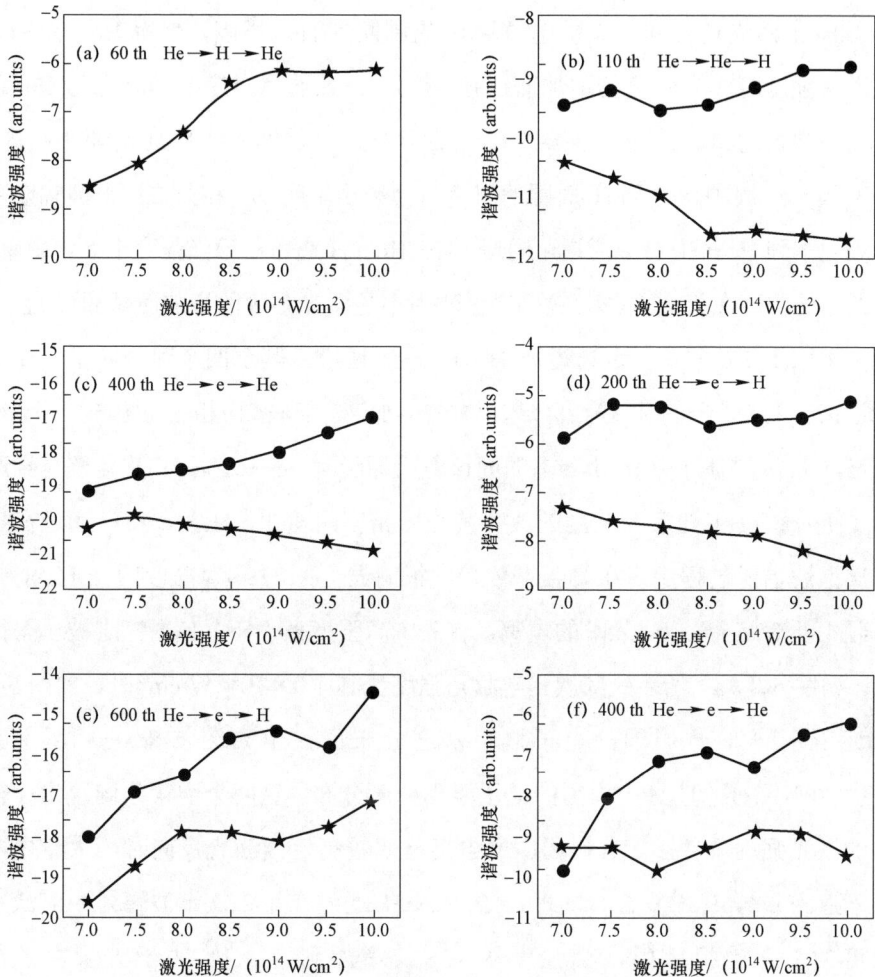

图 5-7 在一个光周期内的两次谐波辐射中，当激光强度从 7.0×10^{14} W/cm² 每隔 5.0×10^{13} W/cm² 增加到 1.0×10^{15} W/cm² 时六个通道强度的变化。五角形和实心圆形分别代表第一次谐波辐射和第二次谐波辐射

如图 5-7（a）和图 5-7（b）所示，与电子在 $2p\sigma$ 态与 $1s\sigma$ 态之间跃迁（也就是在 H^+ 与 He^{2+} 周围跃迁）相关的 He→H→He 及 H→He→H 通道主要贡献谐波的低阶区域。He→H→He 通道主要出现在 $t = 3.0$ o.c.附近，强度随激光强度增加而增加。通道强度在 1.0×10^{15} W/cm² 比 7.0×10^{14} W/cm² 大约增加了 3 个数量级。如图 5-3（b）虚线（$t = 2.5$ o.c.）所示，激光强度越强，He^{2+} 势阱被抬得越高，导致大量电子从 He^{2+} 周围跃迁到 H^+ 周围。半个光周期之后即

$t = 3.0$ o.c.激光场反向，大量电子从 H^+ 周围回到 He^{2+} 周围，使得 He→H→He 通道的强度随激光强度的增加而增强。事实上，该通道对应于 $2p\sigma$ 态与 $1s\sigma$ 态之间的共振通道。然而，当 $t = 3.0$ o.c.时，He^{2+} 势阱被压低且 H^+ 势阱被抬高，电子从 He^{2+} 周围跃迁到 H^+ 周围的概率将会减少。所以，在第二次谐波辐射中很难观察到 He→H→He 通道。同理，H→He→H 通道对激光强度也非常敏感。该通道的强度在第一次（第二次）谐波辐射中随激光强度的增加而减弱（增强）。

不同于 He→H→He 通道及 H→He→H 通道，其余四个回碰通道主要贡献于谐波的平台区域和截止区域，与电离-加速-回碰密切相关。图 5-7（c）和图 5-7（e）描述了基于 $1s\sigma$ 态的同核复合通道（He→e→He）及异核复合通道（He→e→H）随激光强度的改变其强度相应的变化。He→e→He 通道在第二次谐波辐射过程中对激光强度依赖性很明显，从 −19.1 增加到了 −16.9，此回碰主要对应 $t = 3.0$ o.c.时的电离。首先，高强度条件下，He^{2+} 势阱被压得很低，如图 5-8（a）所示；其次，当激光强度达到 1.0×10^{15} W/cm² 时，如图 5-8（e）所示的 He^{2+} 周围的电子概率密度分布远大于如图 5-8（c）所示的 7.0×10^{14} W/cm² 时 He^{2+} 周围的电子概率密度分布。这两个因素共同决定在较强的激光强度条件下，He^{2+} 周围的电离概率较高，当激光反向时，大量电离电子返回并与 He^{2+} 复合。同理，He→e→H 通道在第二次谐波辐射中对激光强度的变化也很敏感，其强度从 −18.1 增加到 −14.4。由于大量电子在 $t = 3.0$ o.c.附近从 He^{2+} 周围电离，相应回碰到 H^+ 周围的电子也会增加，与图 5-8（d）和图 5-8（f）所示的电子-核概率密度分布相一致。在 $t = 3.8$ o.c.附近 H^+ 周围电子的分布在 1.0×10^{15} W/cm² 强度下远大于 7.0×10^{14} W/cm² 时 H^+ 周围电子的分布。比较 He→e→He 通道与 He→e→H 通道在一个光周期内的两次谐波辐射过程中强度的变化，可以明显观察到异核复合通道的强度远大于同核复合通道的强度。此外，随着激光强度的增加，两通道的强度差也随之增大。因而，从 He^{2+} 周围电离的电子更易与 H^+ 复合，也就是说，当初始电离基于 $1s\sigma$ 态时，在谐波发射过程中 He→e→H 通道占主导地位。对于基于 $2p\sigma$ 态的初始电离而言，如图 5-7（d）和图 5-7（f）所示，同核复合通道（H→e→H

通道）与异核复合通道（H→e→He 通道）的强度随激光强度的改变呈现出不同的特征。具体而言，H→e→H 通道在第一次谐波辐射过程中，对激光强度的改变非常敏感。其强度随激光强度的增加迅速减弱，且减弱速度比 He→e→H 通道显著。由于电子更易从 He^{2+}周围电离还是从 H$^+$周围电离，主要取决于激光对库仑势的缀饰作用。此外，基于 2pσ态的回碰通道与基于 1sσ态的回碰通道存在竞争关系。值得注意的是，H→e→H 通道在一个光周期内的第一次辐射的强度比第二次辐射的强度高几个数量级。随着激光强度的增加，H→e→H 通道在 $t=3.5$ o.c.附近的谐波辐射过程强度逐渐增强。而 H→e→He 通道则在第二次谐波辐射过程中对激光强度的变化表现出明显的依赖性，随着激光强度的增加，其强度从 -9.9 增加到 -6.2。对于 H→e→He 通道，虽然随着激光强度的增加，其强度增加了 3.7 个数量级，然而 H→e→H 通道在基于 2pσ态的回碰通道中仍占主要地位。

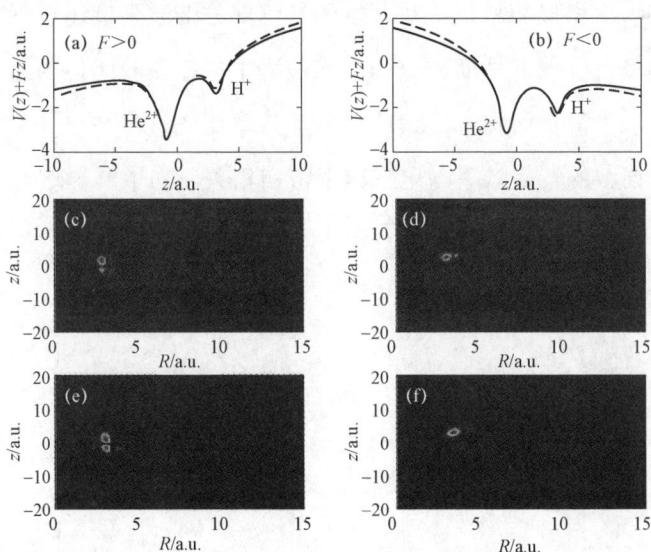

图 5-8　两种激光强度 7.0×10^{14} W/cm^2（实线）和 1.0×10^{15} W/cm^2（虚线）下库仑势和静电场势的复合势（a）$F>0$ 及（b）$F<0$。（c）和（d）及（e）和（f）分别代表这两种激光强度下在 $t=3$ o.c.和 $t=3.8$ o.c.周围的电子-核波包概率密度。

综上所述，本节通过求解电子-核关联的一维含时薛定谔方程，探究了非对称分子体系高次谐波产生的电子动力学过程。通过调节激光参数，不仅建

立了 HeH^{2+} 高次谐波产生的物理图像，而且分辨了六个量子通道。此外，不同的量子通道对高次谐波产生贡献不同。基于第一激发态的电离，$H{\rightarrow}e{\rightarrow}H$ 通道主导谐波辐射；而基于基态的电离，则主要由 $He{\rightarrow}e{\rightarrow}H$ 通道控制谐波辐射。

5.1.2 HeH^{2+} 高次谐波产生过程中电子定位的研究

对于非对称分子体系，原子核对电子束缚能力不同，导致电子在两核周围分布不均匀。本节通过梯形脉冲与处于不同振动态的 HeH^{2+} 及 HeD^{2+} 相互作用，进一步研究电子分布对谐波发射的影响。采用的激光外包络形式为 7 o.c.梯形脉冲，波长为 1 600 nm，激光强度为 5×10^{14} W/cm^2。

图 5-9 展示了处于 $v=0$ 的非对称分子 HeH^{2+}（实线）与 HeD^{2+}（虚线）在梯形脉冲作用下产生的高次谐波谱图。从图中可以看出，两种非对称分子的谐波谱具有以下相似的特征：在开始的低阶部分谐波强度迅速下降，接着是调制较大的平台区域。然而，这两个谐波谱中也存在着明显的差异性。在高阶区域（如水平箭头所指），HeH^{2+} 的谐波效率比 HeD^{2+} 高出 1.3 个数量级。众所周知，谐波的发射效率与电离概率密切相关。为了解释这一谐波效率的

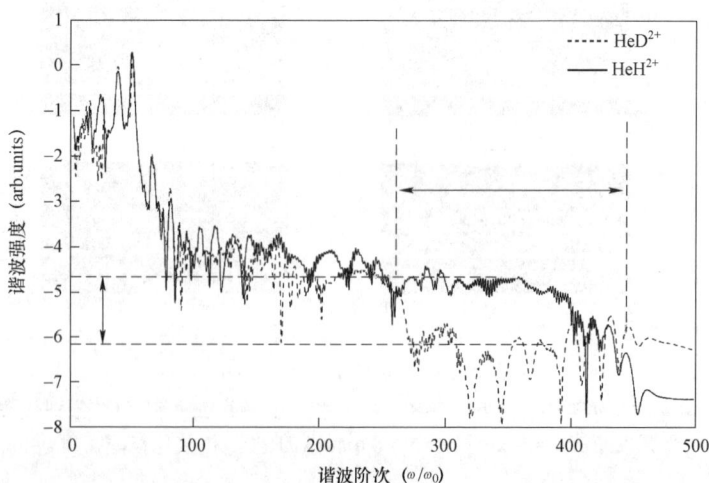

图 5-9 处于 $v=0$ 时 HeH^{2+}（实线）与 HeD^{2+}（虚线）的谐波谱图

增强现象，在图 5-10（a）中给出了 HeH^{2+}（实线）和 HeD^{2+}（虚线）在 $v=0$ 时的电离概率随时间的变化。从图中可以看出，在激光作用结束后，HeH^{2+} 的电离概率为 62%，远大于 HeD^{2+} 的电离概率（16%）。然而如图 5-10（b）所示，在 $t=2.5$ o.c.到 $t=3.5$ o.c.这一时间段内，HeH^{2+} 的电离概率小于 HeD^{2+}。可以从不同时间区域内核波包概率密度的分布，进一步理解这两种非对称分子电离过程的差异性。

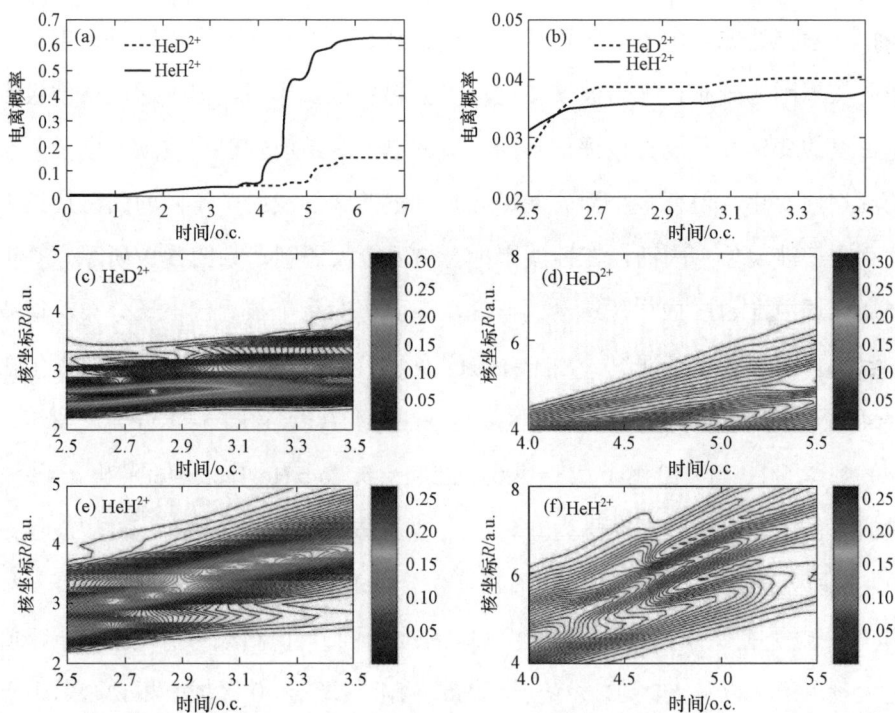

图 5-10　（a）处于 $v=0$ 时 HeH^{2+}（实线）与 HeD^{2+}（虚线）电离概率随时间的变化。（b）从 $t=2.5$ o.c.到 $t=3.5$ o.c.电离概率的放大图。（c）和（d）及（e）和（f）分别代表 HeD^{2+} 及 HeH^{2+} 在 $t=2.5$ o.c.到 $t=3.5$ o.c.和 $t=4.0$ o.c.到 $t=5.5$ o.c.两个时间区域内核波包概率密度的分布。

　　如图 5-10（c）和图 5-10（e）所示，从 $t=2.5$ o.c.到 $t=3.5$ o.c.波包主要局域在较小的核间距范围内（小于 4 a.u.）。在这种情况下，电子很难被电离。此时，核波包概率密度的大小成为电子电离过程中的关键因素。通过比较

HeD^{2+}与 HeH^{2+}的核波包概率密度分布可以发现，在 $t=2.5$ o.c.到 $t=3.5$ o.c.这一时间段内，HeD^{2+}的核波包概率密度要远大于 HeH^{2+}。因而，更多电子可以从 HeD^{2+}电离，相应 HeD^{2+}的电离概率要高于 HeH^{2+}。然而从 $t=4.0$ o.c.到 $t=5.5$ o.c.这一时间段，首先，图 5-10（f）HeH^{2+}与图 5-10（d）HeD^{2+}的核波包概率密度相当；其次，在相同的时刻，HeH^{2+}可以迅速扩散到较大的核间距。因此，在这一时间段内，HeH^{2+}的电离过程可以得到明显增强。综上所述，图 5-9中两离子谐波效率的差异主要由 $t=4.0$ o.c.到 $t=5.5$ o.c.这一时间区域内电离概率的差异造成。由于非对称双原子分子具有长寿命的第一激发态，电子在不同核周围的分布，在谐波发射过程中会起到重要作用。但仅通过核波包概率密度的变化并不能直接评估不同核周围电子对谐波发射的贡献。电子分布的周期性变化，使得多个回碰通道同时贡献谐波的发射。不同的回碰通道之间存在干涉现象，因而，在谐波谱中会出现较大调制，如图 5-9 所示。基于强激光场中 HeH^{2+}内电子运动的研究，下面将对每个核周围电子分布对谐波发射的贡献进行定量研究。由于 HeH^{2+}及 HeD^{2+}电离概率的差异主要发生在 $t=4.0$ o.c.到 $t=5.5$ o.c.这一时间区域内，图 5-11（a）到图 5-11（c）及图 5-11（d）到图 5-11（f）给出了从 $t=4.0$ o.c.到 $t=5.5$ o.c.HeH^{2+}及 HeD^{2+}电子-核波包概率密度分布，时间间隔为 0.5 o.c.。垂直虚线代表相应时刻 HeD^{2+}波包在 R 方向所处的位置。从图中可以看出，对于 HeH^{2+}及 HeD^{2+}在 $t=n$ o.c.（$n=4$，5）时，电子主要分布在 $z<0$ 区域（即 He^{2+}周围）。该结果与前文中，正峰值处大量电子可以从 H^+（D^+）跃迁到 He^{2+}附近（即 $z<0$ 区域）相吻合。由于 H^+质量较小，在相同的时间范围内，H^+会快速运动到较远的距离，使得核对电子的束缚减小。因而，H^+周围电子的电离概率远大于 D^+周围电子的电离概率。从图 5-10（a）中可以观察到，HeH^{2+}与 HeD^{2+}电离概率的差值主要发生在 4.5 o.c.，该时刻电子主要分布在 H^+与 D^+周围，如图 5-11（b）与图 5-11（e）所示。因此，当 HeH^{2+}与 HeD^{2+}处于 $v=0$ 时，两者谐波效率的差异主要归因于局域在 H^+和 D^+周围电子电离过程的差异。

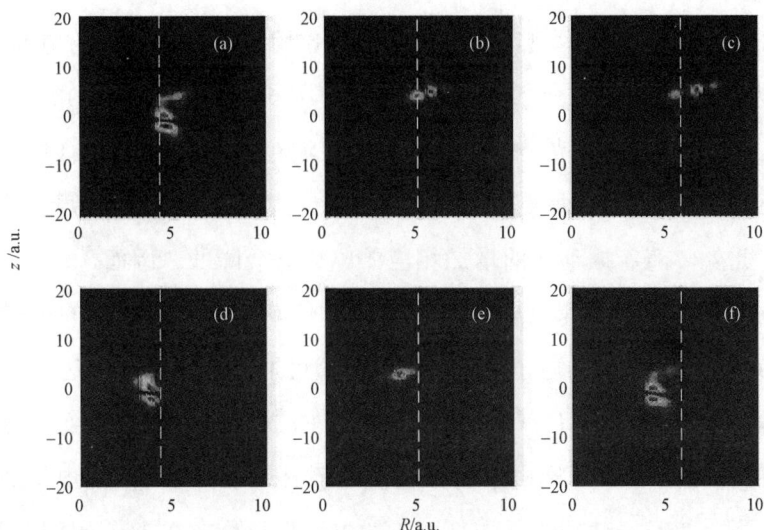

图 5-11　（a）～（c）、（d）～（f）代表 $v=0$ 时 HeH^{2+}、
HeD^{2+} 从 $t=4.0$ o.c.到 $t=5.0$ o.c.电子-核波包概率密度

　　基于以上讨论，对于处于第一激发态的 HeH^{2+}，He^{2+} 周围的电子主要来自 H^{+} 周围的电子跃迁。此外，H^{+} 周围的电子在强激光作用下也可以直接被电离。也就是说，H^{+} 周围电子的跃迁过程与电离过程相互竞争。对称双原子分子高次谐波发射的研究表明，初始振动态对谐波发射过程中的电离过程有重要的影响。由于非对称分子的结构更加复杂，初始振动态很可能对谐波发射中 H^{+} 周围电子的电离有影响，从而间接影响 H^{+} 周围电子的跃迁过程。下面将展开讨论随着初始振动态的改变，电子分布的变化。图 5-12（a）展示了从 $v=0$ 到 $v=5$ 不同振动态条件下，HeH^{2+} 与 HeD^{2+} 电离概率的差值（D_{asy}）。从图中可以看出，随着振动态的增加，D_{asy} 从 $v=0$ 时的 46%减小到 $v=5$ 时的 0.9%。也就是说，随着振动态的增加，HeH^{2+} 与 HeD^{2+} 的电离概率趋于相近。通过上文对处于 $v=0$ 的 HeH^{2+} 与 HeD^{2+} 电离概率差异性的讨论，可知 H^{+}（D^{+}）周围电子的电离对处于低振动态的非对称分子离子的电离过程有重要的作用。那么随着振动态的增加，电子定位及相应电离过程又会如何变化呢？图 5-12（b）给出了处于 $v=5$ 时 HeH^{2+}（实线）与 HeD^{2+}（虚线）的电离概率。从图中可以观察到，在 $t=4.0$ o.c.到 $t=5.0$ o.c.这一时间

段内 HeD^{2+}的电离概率迅速增加，当激光作用结束后 HeD^{2+}的电离概率与 HeH^{2+}相近。图 5-12（c）到图 5-12（e）与图 5-12（f）到图 5-12（h）分别为相应 HeD^{2+}与 HeH^{2+}处于 $v=5$ 时电子-核波包概率密度分布，时间间隔为 0.5 o.c.。在较高的振动态条件下，H$^+$的波包同样可以快速扩散到较大的核间距。此外，随着振动态的增加相应的电离势会降低。因而，在 $v=5$ 时，H$^+$周围大量的电子快速电离，相应从 H$^+$周围跃迁到 He^{2+}周围的电子减少。对于 HeD^{2+}，D$^+$周围的电子较难电离，电子可通过跃迁过程到达 He^{2+}周围。如图 5-12（c）到图 5-12（h）所示，对于 HeD^{2+}在 $t=4.0$ o.c.到 $t=5.0$ o.c.这一时间段内，He^{2+}周围电子的分布要多于 HeH^{2+}中 He^{2+}周围电子的分布。总而言之，随着振动态的增加，更多的电子趋于分布在 He^{2+}周围。此外，在较高的振动态下，He^{2+}对电子的束缚作用减小，相应 He^{2+}周围电子的电离会明显增强。因此，正是由于处于 $v=5$ 时，HeD^{2+}中 He^{2+}周围电子电离的明显增强，最终导致与 HeH^{2+}具有相近的电离概率。下面将进一步讨论高振动态条件下 HeH^{2+}与 HeD^{2+}谐波谱结构的变化。

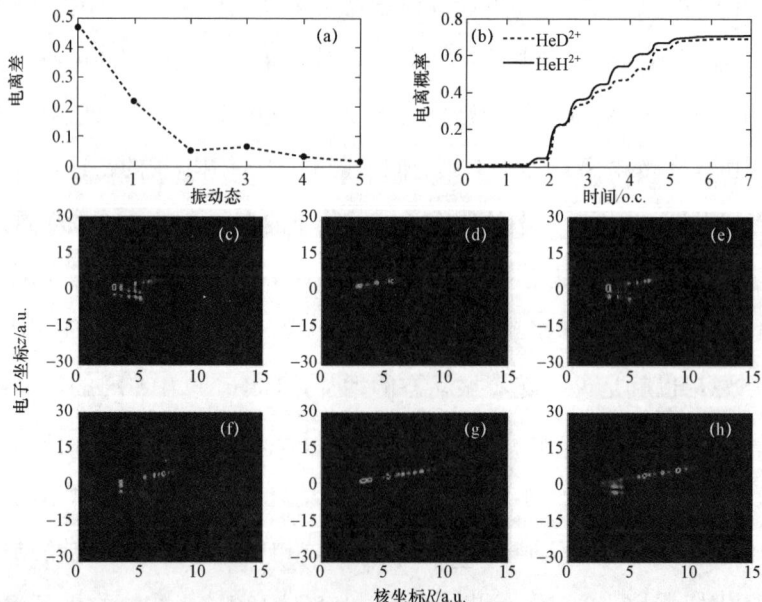

图 5-12　（a）HeH^{2+}与 HeD^{2+}电离概率的差值随振动态从 $v=0$ 到 $v=5$ 的变化。（b）$v=5$ 时 HeH^{2+}（实线）与 HeD^{2+}（虚线）的电离概率。（c）～（e）及（f）～（h）分别代表 HeD^{2+} 及 HeH^{2+}从 $t=4.0$ o.c.到 $t=5.0$ o.c.电子-核波包概率密度的分布

　　图 5-13 给出了 $v=5$ 时，HeH^{2+}（实线）与 HeD^{2+}（虚线）的谐波谱。电离概率相近，相应的谐波效率应基本相同。然而，两体系谐波谱的结构却存在很大的差异。例如，在 315 阶附近，HeH^{2+}谐波谱上会有一个明显的极小值（如箭头所指），而在 HeD^{2+}谐波谱上并不明显。由于谐波发射具有周期性，图 5-14 仅选择一个光周期（$t=2.3$ o.c.到 $t=3.3$ o.c.）的时频分布来研究高振动态条件下非对称分子体系的高次谐波发射。图 5-14（a）和图 5-14（c）与图 5-14（b）和图 5-14（d）分别为 HeH^{2+}与 HeD^{2+}处于 $v=0$ 和 $v=5$ 的时频分布图。从图中可以看出，强激光场中多个回碰通道贡献非对称分子的谐波发射。对于这几个回碰通道的分辨在 5.1.1 节中已做过详细讨论，这里不再重复。随着振动态的增加，HeH^{2+}较高的电离概率使得基于 He^{2+}和 H^+的各个通道强度增强。此外，基于 H^+的长量子路径（LRH）与多通道之间的干涉（IM1）都会得到增强。因而，HeH^{2+}谐波谱中的干涉极小值可能由两个原因造成。第一个原因是，基于 H^+的长量子路径与短量子路径之间的干涉引起的。第二个原因是，基于 He^{2+}和 H^+的各个回碰通道之间的干涉（即 IM1）引起的。通过比较处于 $v=0$ 和 $v=5$ 时 HeD^{2+}的谐波发射如图 5-14(b)和(d)，可以发现，对于 HeD^{2+}，基于 D^+的长量子路径（LRD）与多通道之间的干涉（IM2）随着振动态的增加而增强。然而，在 HeD^{2+}谐波

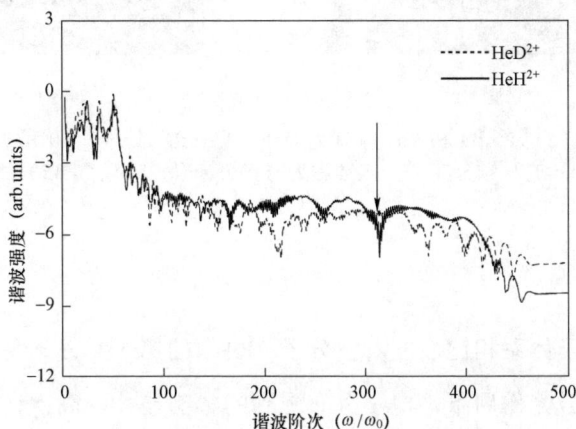

图 5-13　$v=5$ 时 HeH^{2+}（实线）与 HeD^{2+}（虚线）的高次谐波谱

谱第 315 阶附近，没有明显的干涉极小值。图 5-14（c）和图 5-14（d）给出了 HeH^{2+}和 HeD^{2+}从 250 阶到 350 阶时频分布的放大图。从图中可以明显地看到，随着振动态的增加，315 阶附近 LRH 与 LRD 的强度基本相当，IM1 的强度却远大于 IM2 的强度。因而，在高振动态条件下，HeH^{2+}谐波谱上 315 阶附近的干涉极小值，主要归因于多通道之间的干涉而非长短量子路径之间的干涉。

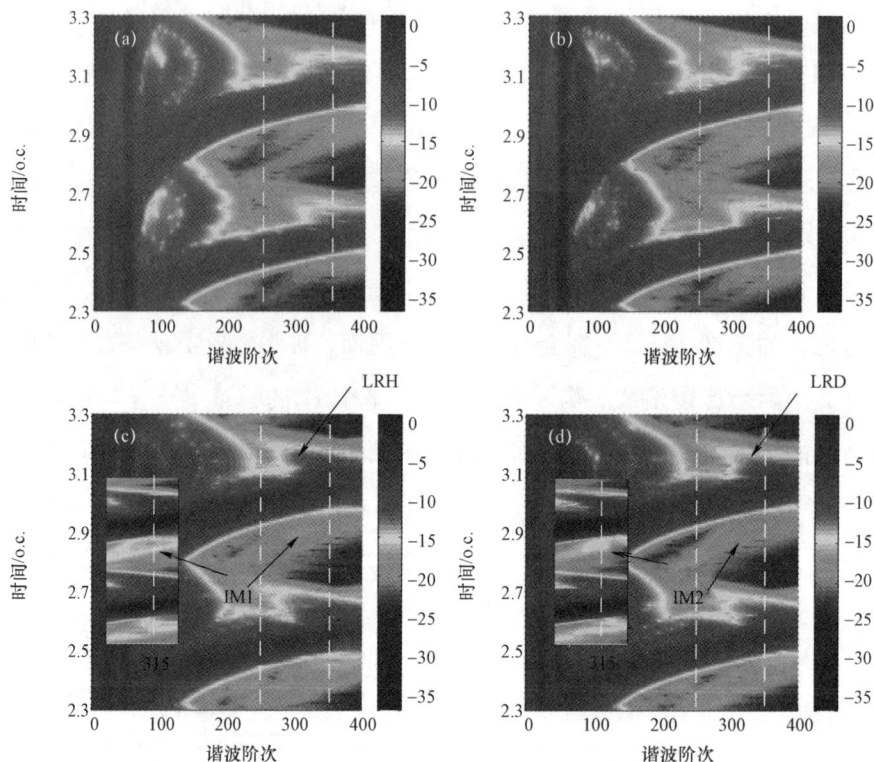

图 5-14　（a）和（c）及（b）和（d）分别为 HeH^{2+}及 HeD^{2+}处于 $v=0$ 和 $v=5$ 从 $t=2.3$ o.c. 到 $t=3.3$ o.c.的时频分布图。内插图为时频分布从 250 阶到 350 阶的放大图

5.1.3　小结

与对称分子体系相比，非对称分子 HeH^{2+}的第一激发态是一个长寿命的激发态，在强激光作用下，电子分布受到的影响显著，高次谐波产生过程非常复杂，包含丰富的物理信息。本节基于非玻恩-奥本海默近似，通过建立电子-核关联的一维量子计算模型，对 HeH^{2+}高次谐波的产生进行了深入研究。

建立了强场中 HeH^{2+} 高次谐波产生的物理图像，分析辨别了贡献谐波产生的六个量子通道。此外，在高次谐波产生过程中，一个核周围电子的电离过程与跃迁过程相互竞争。随着初始振动态的增加，分布在 D^+ 周围的电子趋于向 He^{2+} 周围跃迁。因此，He^{2+} 周围电子的电离会随着振动态的增加而增加。在这种情况下，随着振动态的增加，HeH^{2+} 与 HeD^{2+} 谐波效率的差异性减小，而谐波结构的差异性却在增大。与 HeD^{2+} 的谐波结构相比，多通道之间的干涉使得 HeH^{2+} 的谐波谱上出现明显的干涉极小值。通过本节相关内容的研究，使得人们对非对称分子体系高次谐波产生的动力学机制有了深入了解，也为利用非对称分子体系高次谐波合成阿秒脉冲奠定了理论基础。

5.2　二维条件下 HeH^{2+} 体系高次谐波产生的电子动力学研究

5.2.1　研究背景

在高次谐波产生过程中，不仅基态有贡献，激发态也会贡献谐波的产生。对称分子体系，高次谐波产生过程中，激发态的动力学信息可以编码在低阶和高阶极小值中。当对称性被破坏时，在线偏振和椭圆偏振激光场中，对称分子体系的偶次谐波都可以反映激发态的动力学信息。对于非对称分子体系，由于存在永久偶极矩，其谐波产生的电子动力学过程更为复杂。在外加激光的作用下，电子在基态与第一激发态之间相互跃迁，导致多个回碰通道贡献谐波辐射。

如上所述，基态和激发态都可以在强激光场中贡献谐波发射。因此，不同电子态贡献的谐波会相互耦合。与线偏振激光不同，椭圆偏振激光会沿长轴和短轴方向共同影响谐波发射，已经广泛应用于原子及对称分子体系高次谐波产生的动力学研究。Y.Li 等人基于量子轨道分析法探究了椭圆偏振激光场中谐波效率以及谐波的偏振特性，指出随着激光椭偏率的增加，电子电离速率下降导致谐波效率降低，此外，谐波的偏振性源于量子轨道对应的电子动量的不确定性。A.Weber 等人利用双色椭圆偏振激光场可有效产生椭圆偏振的高次谐波。H.Yang 等人指出氢分子体系近阈值谐波的非零椭偏率主要是由椭圆偏振激光场中正交方向上的多光子过程引起。椭圆偏振激光场可以揭示高次谐波产生过程中丰富的动力学信息。对于非对称分子体系，基态与激发态对椭圆偏振激光脉冲两个方向的敏感程度不同。因此，椭圆偏振激光可用于深入探究非对称分子体系高次谐波产生的动力学过程，尤其是激发态动力学。本节以单电子分子离子 HeH^{2+}为模型，系统研究椭圆偏振激光场中高次谐波产生的动力学过程。总结随着椭偏率的变化，高次谐波的特点和规律，建立椭圆偏振激光场中非对称分子体系高次谐波产生的物理图像，进一步评估激发态的作用。

5.2.2 理论模型

选取 HeH^{2+}体系基态为初始态，在偶极近似及长度规范条件下，椭圆偏振激光脉冲与 HeH^{2+}相互作用的二维含时薛定谔方程可以表示为：

$$i\frac{\partial \psi(x,y;t)}{\partial t}=\Big[\hat{H}(x,y;t)+E(t)\Big]\psi(x,y;t) \tag{5-7}$$

其中无场哈密顿量可以表示为：

$$\hat{H}_0(x,y)=-\frac{1}{2}\frac{\partial^2}{\partial x^2}-\frac{1}{2}\frac{\partial^2}{\partial y^2}+V_c(x,y) \tag{5-8}$$

$$V_c(x,y)=-\frac{Z_1}{\sqrt{(x-R_1)^2+y^2+a}}-\frac{Z_2}{\sqrt{(x+R_2)^2+y^2+b}} \tag{5-9}$$

$$E(t)=E_0 f(t)\cos(\omega t+\delta(t)) \tag{5-10}$$

假设分子轴向沿着 x 轴，$Z_1=0.81$ 及 $Z_2=1.62$ 分别是 H 核和 He 核所带的电荷量。$R_1=Z_2R/(Z_1+Z_2)$及 $R_2=Z_1R/(Z_1+Z_2)$分别是 H 核和 He 核的位置，软化参数 $a=b=0.05$。通过对角化无场哈密顿量，可以得到核间距为 $R=4$ a.u.，不同电子态的本征函数和能量本征值。核间距为 $R=4$ a.u.时，基态的电离能为 -2.25 a.u.。基态的电离势越高，可以选择更高强度的激光脉冲与体系相互作用，相应谐波的能量越高。

椭圆偏振激光场表达式为：

$$E(t) = \frac{1}{\sqrt{1+\xi^2}} E_0 f(t) \cos(\omega t)\hat{e}_x + \frac{\xi}{\sqrt{1+\xi^2}} E_0 f(t) \sin(\omega t)\hat{e}_y \quad （5\text{-}11）$$

其中，ξ 是椭偏率，$f(t)$ 为 10 o.c.的梯形包络，其中包含 3 o.c.的上升沿，4 o.c.的不变值及 3 o.c.的下降沿。1 o.c. = 2.0 fs 对应于 600 nm 激光的光周期。

5.2.3　椭圆偏振激光场中 HeH^{2+}高次谐波产生的电子动力学

由于激光偏振方向沿分子轴向，在强线偏振激光作用下，处于 HeH^{2+}基态的电子可以激发到第一激发态。因此，基态和第一激发态同时贡献谐波的产生。与线偏振激光场不同，椭圆偏振激光脉冲在两个方向上影响谐波发射，即椭圆偏振激光的 x 和 y 分量。因此，在椭圆偏振激光场的谐波辐射中，电子动力学行为更加有趣。图 5-15 表示不同椭偏率 ξ 条件下，HeH^{2+}的时频分布图。对应波长为 600 nm，激光峰值强度为 $I = 3.0 \times 10^{15}$ W/cm^2。当 $\xi = 0.1$ 时，谐波强度在 $t_r = (n+0.25)$ o.c.附近比 $t_r = (n+0.75)$ o.c.附近强，如图 5-15（a）所示。然而，随着 ξ 从 0.2 增加到 0.3，谐波强度在 $t_r = (n+0.25)$ o.c.附近则比 $t_r = (n+0.75)$ o.c.附近弱，如图 5-15（b）～图 5-15（d）所示。t_r 代表复合时刻。此外，当 $0 \leqslant \xi < 0.1$ 时，高次谐波强弱周期性变化与图 5-15（a）类似，此处不再展示。以上数值结果表明，随椭偏率的变化，HeH^{2+}体系高次谐波的产生表现出不同的特征，其背后的物理机制究竟是什么？接下来将对此进行详细讨论。

在强椭圆偏振激光场中，沿 y 轴的电场强度随 ξ 的增加而增大。此外，第二激发态将会在垂直方向被激发。如图 5-16（a）和图 5-16（b）所示，当 ξ 从 0.1 增加到 0.25 时，第二激发态的布居数显著增加，特别是从 $(n+0.5)$ o.c.至 $(n+1.0)$ o.c.（沿 y 方向的负激光场）。在这种情况下，基态在激光缀饰作用下被抬高，使得基态的电子可以很容易被泵浦到第二激发态。为了深入了

解椭圆偏振激光场中，高次谐波强度周期性变化的动力学机制，图 5-16（c）和图 5-16（d）分别给出了 $\xi=0.1$ 和 $\xi=0.25$ 的电离率。$P_0(t)=1-\left|\langle 0|\phi(t)\rangle\right|^2$（虚点线），$P_1(t)=1-\sum_{n=0}^{1}\left|\langle n|\phi(t)\rangle\right|^2$（实线），$P_{\text{ion}}(t)=1-\sum_{n=0}^{9}\left|\langle n|\phi(t)\rangle\right|^2$（实点线）。$P_0(t)$ 和 $P_1(t)$ 之间的差值可以反映出激发态的电离。此外，阴影区 S 的面积可以反映电场下降沿的有效电离过程。选择 $t_r=4.25$ o.c.（$t_i=3.5$ o.c.）和 $t_r=4.75$ o.c.（$t_i=4.0$ o.c.）的谐波辐射为例进行分析，t_i 表示电离时刻。显然，图 5-16（c）中的 S_1 几乎等于图 5-16（d）中的 S_2，即激发态的电离概率相近。对比图 5-16（c）与（d），在 $t_i=3.5$ o.c.附近，基态的电离随着 ξ 的增加而减小，如虚线所示。因此，当 $\xi=0.25$ 时 $t_r=4.25$ o.c.附近的谐波辐射变弱。此外，由于第二激发态电离势较小，较多的电子在 $t_r=4.75$ o.c.贡献谐波辐射。因而，当 $\xi=0.25$ 时，$t_r=4.75$ o.c.的谐波强度强于 $t_r=4.25$ o.c.。这种现象随着 ξ 增大而更加明显，如图 5-15（d）所示。由此可见，激发态动力学对椭圆偏振激光场中非对称分子体系高次谐波辐射过程有显著的影响。

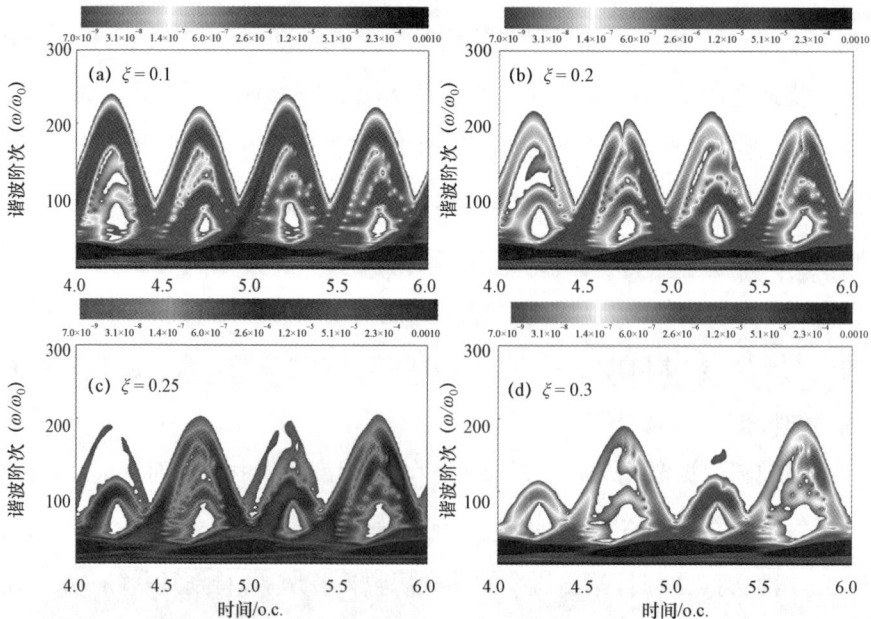

图 5-15 HeH^{2+}在波长为 600 nm，激光强度为 $I=3.0\times10^{15}$ W/cm^2 椭圆偏振激光场中不同椭偏率条件下的时频图：（a）$\xi=0.1$，（b）$\xi=0.2$，（c）$\xi=0.25$ 和（d）$\xi=0.3$

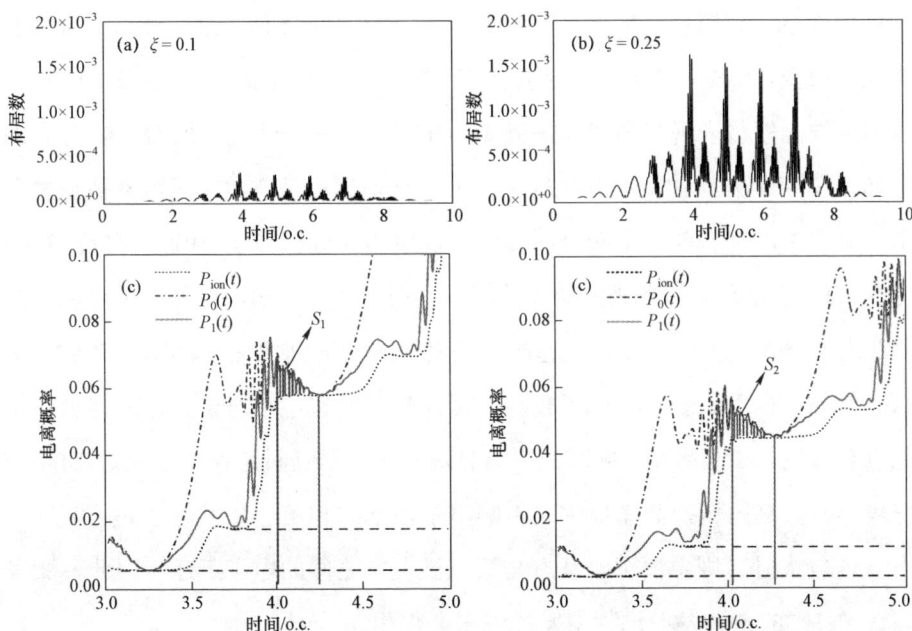

图 5-16 不同 ξ 所对应的第二激发态布居数电子布局：（a）$\xi=0.1$，（b）$\xi=0.25$，（c）$\sim$（d）分别为 $\xi=0.1$ 和 $\xi=0.25$ 电离率：

$$P_0(t)=1-\left|\langle 0|\phi(t)\rangle\right|^2, \quad P_1(t)=1-\sum_{n=0}^{1}\left|\langle n|\phi(t)\rangle\right|^2 \text{ 和 } P_{\text{ion}}(t)=1-\sum_{n=0}^{9}\left|\langle n|\phi(t)\rangle\right|^2$$

为了进一步揭示其机理，在图 5-17 中建立了 HeH^{2+} 谐波产生的物理图像。基态、第一激发态和第二激发态分别用 |0>、|1> 以及 |2> 表示。如图 5-17（a）所示，当 $E_x<0$ 且 $\xi=0$ 时（即线偏振激光场中），处于基态的电子可以激发到第一激发态（过程 1）。激光强度越强，被泵浦到第一激发态的电子越多。在 $t=(n+0.5)\text{o.c.}$ 附近，在 x 方向峰值强度的作用下，基态势阱被抬高，其中的电子可以隧穿势垒（过程 2）并在外加激光场中加速获得能量（过程 3）。当激光场反向时，电离电子返回与基态重新复合（过程 4）。如图 5-17（b）所示，当 $E_x>0$ 且 $\xi=0$ 时，第一激发态的势阱被抬高，而基态的势阱被压低。因此，处于第一激发态的电子也可以通过电离-加速-复合过程贡献谐波辐射。由于电子主要分布在基态，在运动过程中第一激发态电子较少。激发态-基态的通道主导谐波产生。对于 $\xi>0$，增强 y 方向的电场振幅，会引发椭圆偏振

121

激光场中复杂的电子运动。如图 5-17（c）所示，对于 $E_y<0$，处于基态的电子可以被泵浦到第二激发态（过程 1'）。对于较小的 ξ 值，泵浦到第二激发态的电子很少，谐波的产生过程主要受 E_x 的影响。在这种情况下，图 5-15（a）所示的谐波强度将表现出与线偏振激光场相似的周期性特征。然而，随着 ξ 的增加，在沿 y 方向的负向激光场中，处于被抬高的基态电子很容易被激发到第二激发态。基态的电子减少，导致通过电离（过程 2'）-加速（过程 3'）-复合（过程 4'）的基态通道受到抑制。然而对于 $E_y>0$，更多电子可以从第二激发态电离，相应第二激发态的谐波发射过程得到增强，如图 5-17（d）所示。此外，由于高激发态电子较少，因此高激发态电子对谐波辐射的影响在此没有讨论。如上所述，椭圆偏振激光场对电子跃迁过程产生了显著影响。ξ 值较小时，椭圆偏振激光场主要影响电子在基态与第一激发态之间的跃迁。当 ξ 值较大时，则主要影响基态与第二激发态之间的电子跃迁。因此，激发态在 HeH^{2+} 的谐波发射过程中发挥着重要作用。

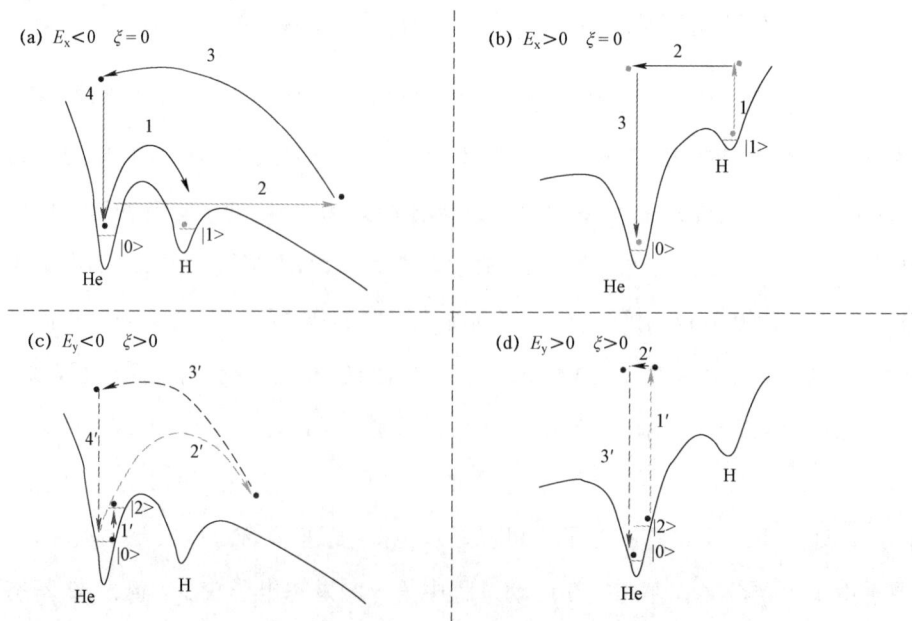

图 5-17　强激光场中电子运动的示意图

5.2.4　不同电子态电子动力学的解析

强激光与非对称分子相互作用时，基态和激发态均贡献谐波产生。在这种情况下，电子动力学变得更加复杂，不同电子态的谐波很难区分。众所周知，静电场已被广泛用于通过调节基频场，实现对高次谐波辐射的有效操控中。在本节，通过椭圆偏振激光场和静电场的合成场，可以解析不同电子态对高次谐波的贡献。沿 y 方向的激光强度可以通过静电场调控：

$$E(t) = \frac{1}{\sqrt{1+\xi^2}} E_0 f(t) \cos(\omega t) \hat{e}_x$$
$$+ \frac{\xi}{\sqrt{1+\xi^2}} E_0 f(t) \sin(\omega t) \hat{e}_y + S E_0 \hat{e}_y$$

（5-12）

其中参数 S 用于调控静电场的振幅。当 $\xi = 0.25$ 和 $I = 3.0 \times 10^{15}$ W/cm² 时，图 5-18（a）展示了 y 方向上不同 S 值对应的复合场：$S=0$（实线）、$S=0.16$（虚线）和 $S=-0.2$（点线）。图 5-18（b）和图 5-18（c）分别展示了 $S=-0.2$ 和 $S=0.16$ 两种条件下的时频分布图。当 $S=-0.2$（静电场强度约为 2.98×10^8 V/cm）时，沿 y 轴的负峰值强度增加，正峰值强度降低。基于图 5-17 所述的物理模型，一方面，负峰强度越强，激发态的布居数越多，导致相应的电离过程增强。另一方面，与 $S=0$ 的情况相比，在较弱的正向激光场作用下，基态电离的电子很难返回。此时主要由激发态贡献谐波辐射，如图 5-18（b）所示。同理，如图 5-18（c）所示，当 $S=0.16$（静电场强度约为 2.39×10^8 V/cm）的正向静电场在椭圆偏振激光场 y 方向叠加时，主要由基态贡献谐波辐射。综上所述，可以通过椭圆偏振激光场和静电场的复合场，实现不同电子态谐波辐射的筛选。

5.2.5 小结

本节基于玻恩-奥本海默近似，通过数值求解二维含时薛定谔方程，系统研究椭圆偏振激光场中非对称分子体系高次谐波产生的电子动力学过程。研究结果表明，谐波强度的周期性特征与椭偏率密切相关，这种现象主要归因于电子从基态向高激发态的跃迁。此外，可以通过椭圆偏振激光与静电场的复合场筛选不同电子态的谐波辐射。对于 $\xi = 0.25$ 且 $I = 3.0 \times 10^{15}$ W/cm² 的条件下，引入正静电场强度且强度约为 2.39×10^8 V/cm 时，仅在 $(n+0.25)$ o.c.

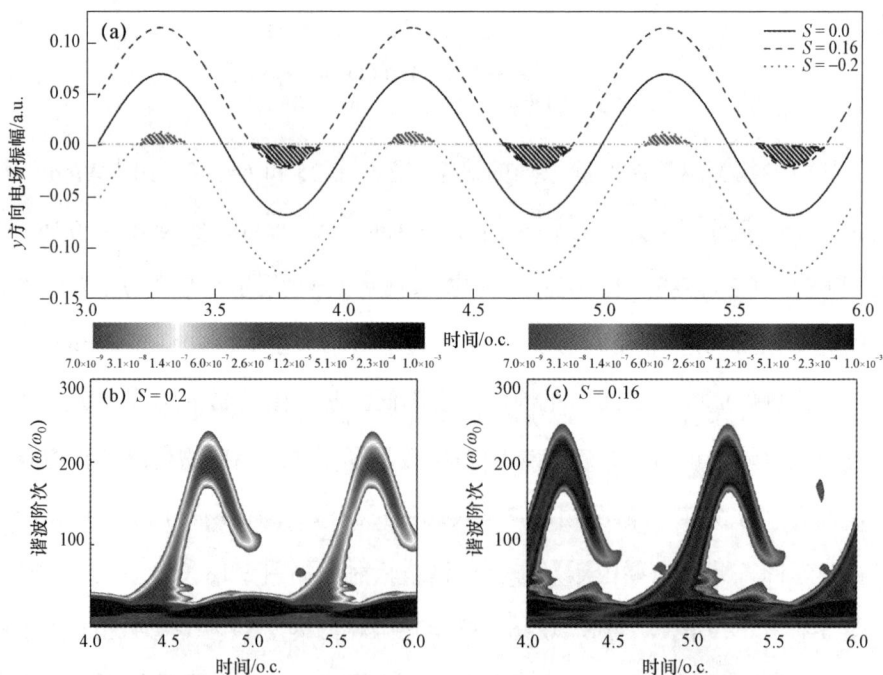

图 5-18 （a）$\xi = 0.25$，$I = 3.0 \times 10^{15}$ W/cm² 时，不同静电参数对应的 y 方向复合电场示意图：$S=0$（实线），$S=-0.2$（点线），$S=0.16$（虚线）；（b）和（c）分别为 $S=-0.2$ 和 $S=0.16$ 条件下的时频图

附近存在谐波辐射，该谐波辐射主要来自基态的贡献。与正向静电场情况相反，当引入负静电场且强度约为 2.98×10^8 V/cm 时，仅在（$n+0.75$）o.c.附近存在谐波辐射，该谐波辐射则来自激发态。其中强静电场可以通过低频激光场实现。总之，虽然在强激光作用下，不同电子态的动力学有很强的耦合性，但高次谐波可以实现对基态和激发态电子动力学的探测。

第6章　固体高次谐波产生的
动力学研究

　　前面的章节已经对强激光场中气体高次谐波产生的动力学过程进行了详细讨论，原子、分子高次谐波产生的物理图像逐步清晰。气体在外加激光作用下，电子扩散效应显著，导致谐波产率较低。与气体相比，固体材料具有高密度、周期性结构的特征，在中红外激光作用下，电子扩散效应相对较弱。因此，固体材料具有提高谐波产率的潜在优势。2011 年，S.Ghimire 等人首次在实验上利用中红外激光与氧化锌材料相互作用，成功产生了高次谐波。固体高次谐波的产生与材料科学、凝聚态物理、超快物理等密切相关，为阿秒科学的发展带来了新机遇。自此，关于固体高次谐波产生的动力学研究得到了广泛关注。为了解释高次谐波产生过程中出现的一系列现象，研究人员提出了多种理论模型。本章首先概述固体高次谐波产生的几种理论模型，进而以周期势模拟固体材料，探究固体高次谐波产生过程中的动力学机制。

6.1　固体高次谐波产生的理论模型

　　在单色中红外激光作用下，固体高次谐波出现了与气体高次谐波不一样的新现象，如多平台结构、截止能量与激光电场振幅成正比以及不同材料呈现出对椭偏率不同的依赖性等。为了解释这些现象，研究人员提出了一系列固体高次谐波产生的理论模型，基于不同的模型可以建立不同的物理图像，在一定范围内可有效解释固体高次谐波产生过程中的物理现象。下面以固体高次谐波产生的半经典重碰模型、逐步激发模型以及预激发模型为例，介绍固体高次谐波产生的动力学机理。

6.1.1　固体高次谐波产生的半经典重碰模型

与解释气体高次谐波产生的"三步模型"类似，固体高次谐波产生过程也可以用"三步模型"进行解释，如图 6-1 所示。首先，隧穿电离。电子分布在能级连续的价带上，与原子体系的基态对应。能级更高的连续态为导带，与激发态相对应。价带顶与导带低之间的最小能量差即带隙 E_g，与电离势 I_p 对应。在外加激光的作用下，处于价带顶的电子发生隧穿电离，到达导带。与此同时，在价带上产生空穴。其次，加速运动。电子和空穴分别在导带和价带上做加速运动获得能量。最后，电子-空穴复合。在实空间中，当电子与空穴再次相遇时（即 $x_e - x_h = 0$），复合释放谐波光子。

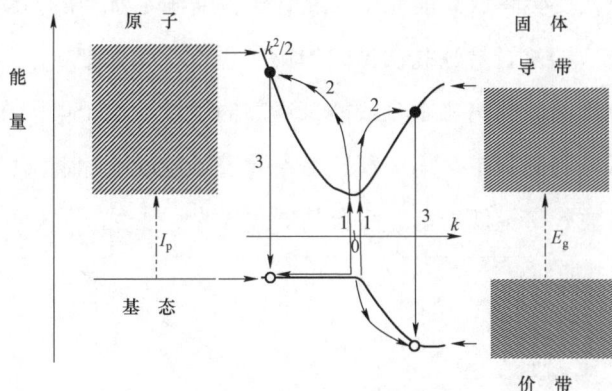

图 6-1　固体高次谐波产生的半经典重碰模型示意图

从以上分析可以看出，固体谐波与气体谐波的"三步模型"有很多相似之处。但是固体材料电子非局域化分布，两者之间存在的差异性主要表现在：

（1）固体材料中电子与空穴的速度与相应的能带结构密切相关，速度可以表示为 $v_{e(h)} = \nabla_k E_{e(h)}(k)$。

（2）电子和空穴的运动轨迹 x_e、x_h 分别表示为 $x_{e(h)}(t) = \int_{t'}^{t} \nabla_k E_{c(v)}[k(\tau)]\mathrm{d}\tau$，

当 $x_e - x_h = 0$ 时，电子与空穴复合释放谐波光子。光子能量满足 $\hbar\omega = \varepsilon_g[k(t_r)]$，其中 $\varepsilon_g[k(t_r)]$ 为电子与空穴复合时，导带与价带的能量差。

6.1.2 固体高次谐波产生的逐步激发模型

为了更好地理解固体高次谐波谱中的多平台结构，卞学滨课题组提出了逐步激发模型（Step-by-step Model），即准经典的电子动力学模型。

如图 6-2 所示，处于价带顶 $k=0$ 处的电子，在激光峰值处即 $A(t)=0$ 时，隧穿到导带 CB1 底部。在 $k=0$ 时，VB 与 CB1 的能隙最小，跃迁概率最大而且跃迁概率随着带隙的增加成指数衰减。跃迁到 CB1 的电子，在激光场的作用下沿着 CB1 运动，经过 0.25 o.c.运动到布里渊区边界。此时，CB1 与 CB2 的能隙较小，电子有一定的概率跃迁到 CB2。再经过 0.25 o.c.，CB2 上的电子在 $k=0$ 附近跃迁到 CB3。同理，CB3 上的电子也可以进一步跃迁到更高的导带。如上所述，导带之间的跃迁是逐步激发的过程。在导带运动的电子可以与价带的空穴复合释放高能光子，复合条件需满足 $k_e - k_h = 0$。因此，CB1 电子与 VB 空穴的复合贡献高次谐波的第一平台，高导带电子与 VB 空穴的复合则贡献高次谐波的第二平台或能量更高的平台。由于电子在激光场的作用下，逐步激发到高导带，电子跃迁概率随着带隙的增加逐渐减小。因而，高能平台的谐波效率远低于第一平台的谐波效率。

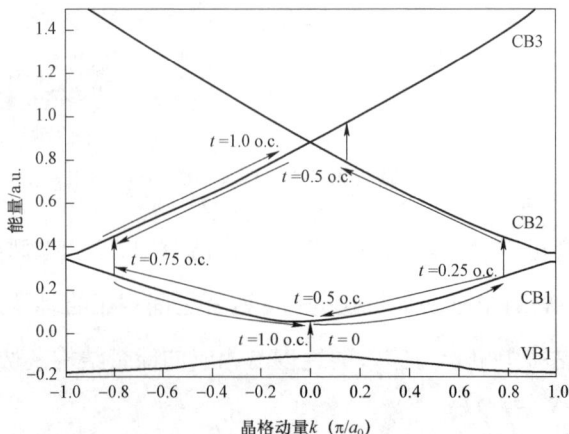

图 6-2 k 空间中电子运动示意图

6.1.3　固体高次谐波产生的预加速模型

考虑到能隙最小时，电子隧穿到高导带的概率最大。在固体高次谐波产生的理论模拟中，一般仅考虑价带顶电子的贡献。随着研究的不断深入，科技工作者发现，不仅价带顶的电子会贡献高次谐波产生，价带上其他的电子同样会贡献谐波产生。在准经典的"三步模型"的基础上，预加速模型的提出可以更加准确地描述固体高次谐波产生过程中出现的新现象。如图 6-3 所示，离价带顶较远的电子首先在外加激光的作用下，做预加速运动到达价带顶（即图中 0 过程）。随后，价带顶的电子再通过隧穿-加速-复合过程（即图中 1-2-3 过程）产生高次谐波。由于预加速模型比准经典"三步模型"多一个预加速过程，也被称为"四步模型"。

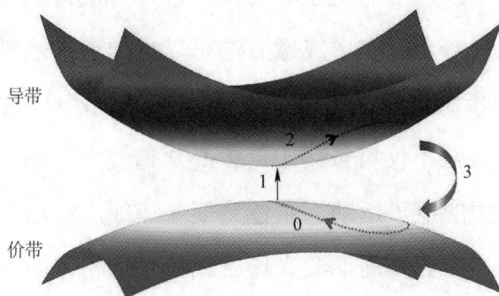

图 6-3　固体高次谐波产生预加速模型

6.2　周期势高次谐波极小值的电子动力学

6.2.1　引言

与气体相比，固体材料具有周期性结构、电子密度高而且电子分布呈现非局域化分布的特点。这些特性使得固体高次谐波展现出与气体高次谐波截然不同的特点。气体高次谐波产生所对应的激光强度一般在 $10^{14} \sim 10^{15}$ W/cm^2。

对于固体材料而言，不同带隙材料的损伤阈值不同。为了避免材料损伤，在固体高次谐波产生过程中，一般采用长波长低强度（$10^{10} \sim 10^{12}$ W/cm^2）的激光脉冲。在外加激光的作用下，固体内部电子可以激发到较高的导带。因而，在谐波谱上会出现多个平台区域。此外，气体谐波截止能量满足 $E = I_p + 3.17$ U_p，其中 U_p 为有质动能，与激光强度以及波长的二次方成正比。固体高次谐波的截止能量则与激光电场强度成线性依赖关系。此外，与气体谐波相比，固体高次谐波还具有提高谐波产率，实现能带结构的成像、贝瑞曲率的测量、对称性的探测等潜在的应用价值。为了深入了解固体谐波产生的物理机制，研究人员发展了多种数值模拟方案，如求解含时薛定谔方程、半导体布洛赫方程、含时密度泛函等，此处不再赘述。在众多的数值计算方法中，基于单色周期势，研究人员模拟固体材料结构的周期性，进而通过求解含时薛定谔方程探究固体高次谐波产生的电子动力学。这一方法得到了广泛的应用。例如，基于单色周期势，含时布居成像方法可以直观地描述激光作用下，各能带电子的运动。逐步激发模型进一步揭示了 k 空间中高次谐波产生的物理图像。Bohmian 轨迹法不仅可以用于气体高次谐波产生的分析，也可以分析固体谐波产生过程中的电子运动。单色周期势还能广泛用于探究激光参数变化对固体谐波的影响：如少周期激光场中载波包络相位的影响，双色激光场中谐波效率的提升，非均匀场对谐波产生的影响等。A.Pattanayak 等人基于周期性模型势，发现固体材料中空位缺陷的存在有助于谐波截止能量的拓展。此外，基于单色周期势模型，可以深入探究掺杂晶体高次谐波的产生。随着掺杂率的改变，掺杂晶体高次谐波产生过程中的电子运动与理想晶体的电子运动展现出显著的差异性。晶体掺杂后能带结构变化较大，在外加激光的作用下，电子不仅可以通过逐步激发到达高导带，还可以从价带顶直接跃迁到高导带。掺杂晶体谐波效率与外加激光矢势大小密切相关。当激光矢势峰值小于 π/a_0 时，掺杂体系谐波效率强于未掺杂体系。反之，激光矢势峰值大于 π/a_0 时，未掺杂体系谐波效率强于掺杂体系。晶体掺杂后使得带隙和布里渊区变窄，在外加激光的作用下，高导带布居数显著增加，最终提高谐波产率。

如上所述，基于单色周期势，研究人员揭示了固体高次谐波产生过程中有趣的电子动力学机制。

与单色周期势不同，双色周期势可以模拟具有两类原子的晶体。其复杂的结构，使得高次谐波辐射过程中包含丰富的电子动力学信息。M.S.Mrudul 等人发现双色周期势谐波谱的结构与分子谐波谱类似，高阶部分会出现极小值。该小组提出在实空间的重碰图像，指出两类原子谐波辐射间相互干涉是谐波极小值形成的主要原因。强激光与双色周期势相互作用时，电子沿能带的运动不对称，使得谐波辐射呈现出非对称性。此外，由于晶格动量通道在高次谐波过程中起着至关重要的作用，因此，全面考虑最高价带中所有晶格动量通道的影响，深入研究双色周期势谐波辐射过程中的电子动力学，显得尤为必要。本节在准经典模型的基础上，对贡献双色周期势高次谐波的量子通道进行分辨，在 k 空间进一步探究谐波极小值的成因，提出合理的方案，优化高次谐波辐射。

6.2.2　理论方法

假设激光偏振方向与晶轴方向平行，通过数值求解速度规范条件下的含时薛定谔方程，研究双色周期势高次谐波产生过程中的电子动力学。对于能带 n 中具有初始晶格动量 k 的电子，含时薛定谔方程可以表示为：

$$i\frac{\partial}{\partial t}\psi_{nk}(x,t) = \left\{\frac{\left[\hat{p}+A(t)\right]^2}{2} + V(x)\right\}\psi_{nk}(x,t) \qquad (6\text{-}1)$$

其中 $V(x)$ 是一维双色周期势：

$$V(x) = -V_0\left(2 - \cos\frac{2\pi x}{a_0} - \cos\frac{4\pi x}{a_0}\right) \qquad (6\text{-}2)$$

数值模拟过程中，$V_0 = 0.37$，晶格常数 $a_0 = 8$ a.u.。

通过对角化无场哈密顿量，得到各能带电子的本征能量及本征函数。对于公式（6-2）中的双色周期势，最高价带为第三价带（VB3），与最低导带的能隙最小值为 4.98 eV。根据公式（2-40）获得总电流，进而通过傅里叶变换得到谐波谱。

6.2.3 数值结果与讨论

如图 6-4（a）所示，与单色周期势不同，双色周期势在一个晶胞中呈现两个势阱。这种结构类似于在双原子分子中观察到的两个中心，这为双色周期势高次谐波产生动力学机制的探究提供了很好的借鉴。众所周知，晶格动量通道之间的干涉效应在固体高次谐波的产生过程中起着重要的作用。为了更深入地了解电子动力学，考虑 VB3 所有晶格动量电子对谐波的贡献，图 6-4（b）展示了随波长变化的谐波谱。数值模拟过程中，外加激光场为持续 4 o.c.的正弦平方型脉冲，激光强度为 6×10^{11} W/cm^2。当波长范围以 100 nm 为间隔，从 1 600 nm 增加到 4 000 nm 时，谐波结构变化显著。当波长超过 2 400 nm，第二平台有一个明显的极小值，如图 6-4（b）虚线所示。值得注意的是，不同波长条件下，极小值的位置保持不变。Dixit 等人证明，只要势阱间距离不变，谐波极小值的位置不受激光强度和势阱深度变化的影响。但极小值对晶格常数和势垒深度的变化很敏感。晶格常数或势垒深度的增加都会导致极小值向较低的能量移动。此外，他们将这种谐波极小值归因于实空间中双色周期势的两个势对应谐波的相互干涉。然而，不同波长条件下均存在干涉效应，但波长小于 2 400 nm 时观察不到极小值。因此，需要进一步探究谐波极小值形成的物理机制。

以波长为 4 000 nm 条件下随晶格动量 k 变化的谐波谱为例，探究谐波极小值的潜在物理机制。除非另有说明，在本节 k 的单位为 π/a_0。如图 6-5 所示，VB3 中具有不同晶格动量的电子对谐波辐射的贡献各不相同。$k=0$ 附近的价电子对谐波辐射影响较小。这种现象主要由于第一导带（CB1）和 VB3 之间的能隙较大，约 19.72 eV。在激光驱动下，VB3 中的电子很难被激发到 CB1。然而，当 VB3 和 CB1 间的能隙从 $k=0$ 时的 19.72 eV 减小到 $|k|=1$ 时的 4.98 eV 时，价电子对谐波辐射的贡献明显增强。如水平虚线所示，在 37.3 eV 处存在明显的间隙。该间隙对应于图 6-4（b）中所示的极小值。此外，可以观察到，对这个谐波极小值的贡献主要来自 VB3 中 $|k| \in [0.32, 1.0]$ 范围的

价电子。能隙越小，激发概率越大，下面将通过具有最小能隙的初始晶格动量态（$k_0 = -1.0$）的电子动力学，深入探究谐波极小值的产生机制。

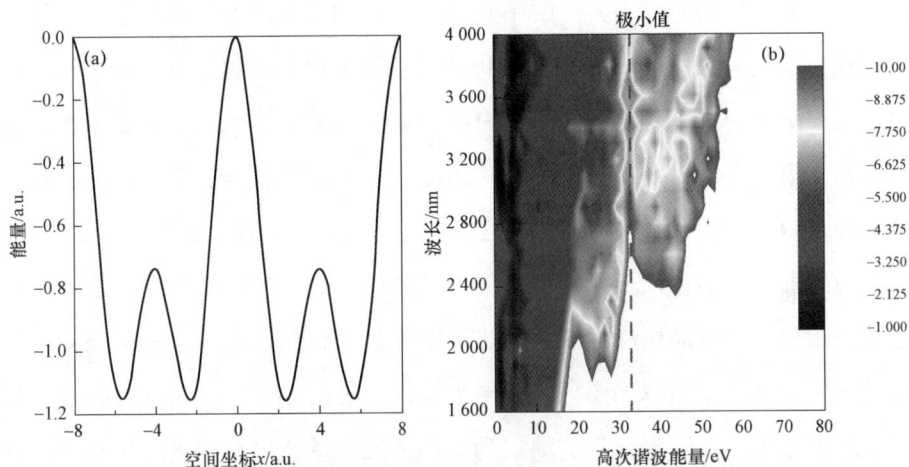

图 6-4　（a）一维双色周期势的示意图。（b）考虑第一布里渊区内最高价带的所有晶格动量态时，不同波长条件下的谐波谱。

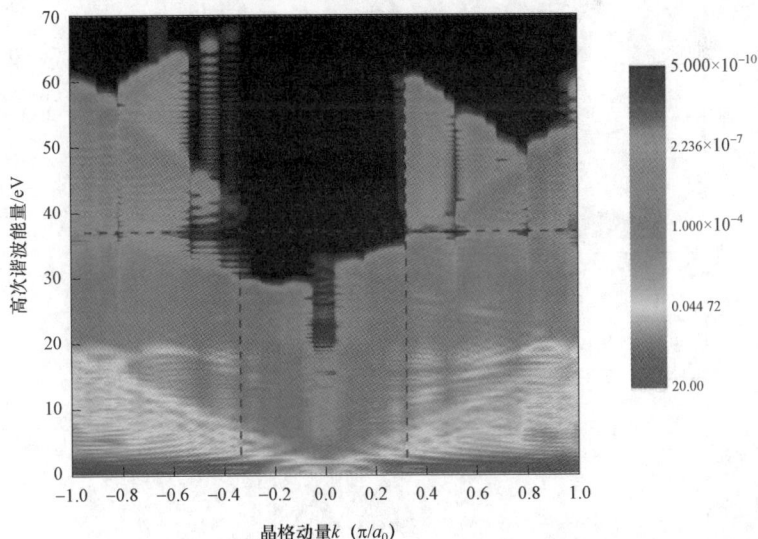

图 6-5　随晶格动量变化的高次谐波谱。波长为 4 000 nm，其他激光参数与图 6-4 相同。

如图 6-6（a）中 $k_0 = -1.0$ 的时频分布所示，在外加激光作用下，双色周期势高次谐波产生过程包含多个量子通道。准经典模型已被广泛应用于量子通道的分辨，在该模型中，谐波能量 η 被定义为：

$$\eta = \varepsilon_1(k(t)) - \varepsilon_2(k(t)) \tag{6-3}$$

$\varepsilon_i(k(t))(i=1,2)$ 表示不同的能带色散关系，$k(t)$ 是电子的含时晶格动量。$k(t) = k_0 + A(t)$ 且 $k_0 = -1.0$。在图 6-6（a）中的曲线代表准经典结果。可以看出准经典结果与求解含时薛定谔方程的量子结果符合得很好。与量子结果相比，第一个平台主要是从 CB1 到 VB3 的跃迁贡献。第二个平台是由三个通道贡献。第一个通道是从第二导带（CB2）到 VB3 的跃迁。第二个通道是从第三导带（CB3）到 VB3 的跃迁。第三个是从 CB3 到 CB1 的跃迁。对比图 6-4（b）中的谐波极小值，显然该极小值的形成与 CB2-VB3 通道和 CB3-VB3 通道密切相关。含时晶格动量 $k(t)$ 可以有效描述电子的运动。图 6-6（b）中展示了 $k_0 = -1.0$ 条件下 $k(t)$ 图。为了便于比较，在图 6-6（b）第二行中再次展示了时频分析图。圆圈标记的缺口为极小值的位置，极小值出现的时刻可以与 $k(t)$ 图中的电子运动一一对应，如箭头所示。

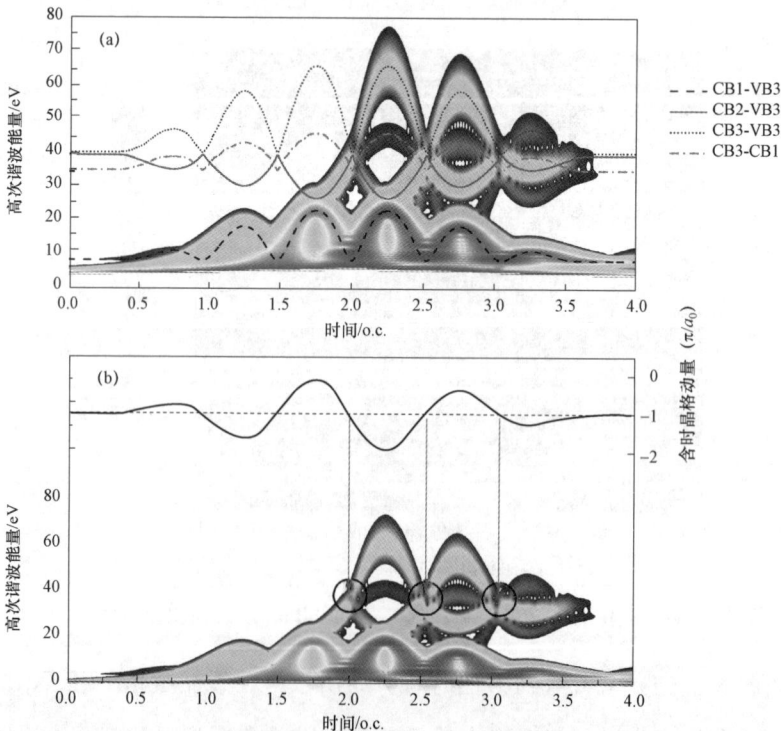

图 6-6 （a）$k_0 = -1.0$ 条件下的时频分布图，曲线代表准经典结果。（b）第一行为 $k_0 = -1.0$ 条件下对应的含时晶格动量 $k(t)$ 示意图，第二行为（a）图中的时频分布图。

为了揭示双色周期势谐波产生过程中的电子动力学，图 6-7（a）给出了 VB3、CB1、CB2 和 CB3 的能带。结合图 6-6（b）所示的瞬时晶格动量 $k(t)$，可以了解激光驱动下的电子运动。如图 6-7（a）所示，晶格动量 $k = -1.0$ 时的初始电子，在外场的作用下沿着 VB3 移动。在 $t = 0.95$ o.c.时，电子到达 $k = -1.0$。此时，CB1 和 VB3 之间的最小能隙为 4.98 eV。如箭头所示，VB3 中的电子可以很容易激发到 CB1。相应 CB1 的布居数在 $t = 0.95$ o.c. 附近明显增加，如图 6-7（b）所示。此外，在 $k = -1.0$ 时，VB3 中的电子可以周期性地激发到 CB1。在外部激光场的驱动下，CB1 中的部分电子将继续振荡，在 $t = 1.25$ o.c.时，由于 CB1 和 CB2 之间存在较大的能隙，阻碍了 CB1 到 CB2 的电子跃迁。然而，随着时间的推移，直到 $t = 1.75$ o.c.，CB1 中的电子运动至 $k = -0.08$，此处 CB1 和 CB2 之间的能隙减小，部分电子可以被激发到 CB2。在外场的影响下，CB2 中一些电子将贡献谐波的第二平台。这导致在 $t = 2.0$ o.c.附近，尽管 CB2 和 CB3 之间带隙最小，但很少有电子能被激发到 CB3。该现象与图 6-7（c）中虚线所示的 CB3 布居数变化相一致。由于 CB2 和 CB3 的电子布居数较少，在 $t = 2.0$ o.c.附近谐波辐射受到抑制，导致缺口出现。此外，比较 CB1 和 CB2 电子布居数分布，时间延迟为 0.25 o.c.。因此，$t = 2.25$ o.c.（$t = 2.75$ o.c.）附近，CB1 电子布居数影响在 $t = 2.5$ o.c.（$t = 3.0$ o.c.）附近 CB2 的电子布居数。如图 6-7（b）所示，在 $t = 2.25$ o.c.（$t = 2.75$ o.c.）附近，CB1 中的电子布局很少，这导致 CB2 中的电子很难对 $t = 2.5$ o.c.（$t = 3.0$ o.c.）附近的谐波辐射产生显著贡献。类似上文关于 $t = 2.0$ o.c.附近 CB3 电子分布机制的讨论，在 $t = 2.5$ o.c.和 $t = 3.0$ o.c.附近，CB3 中的电子布居仍然可以忽略不计，使得 CB3 中电子对谐波的贡献很弱。因此，CB2 和 CB3 中的布居数较少抑制了 $t = 2.0$ o.c.，$t = 2.5$ o.c.和 $t = 3.0$ o.c.附近谐波的产生。即 CB2 和 CB3 中电子分布的缺少是产生谐波极小值的原因。

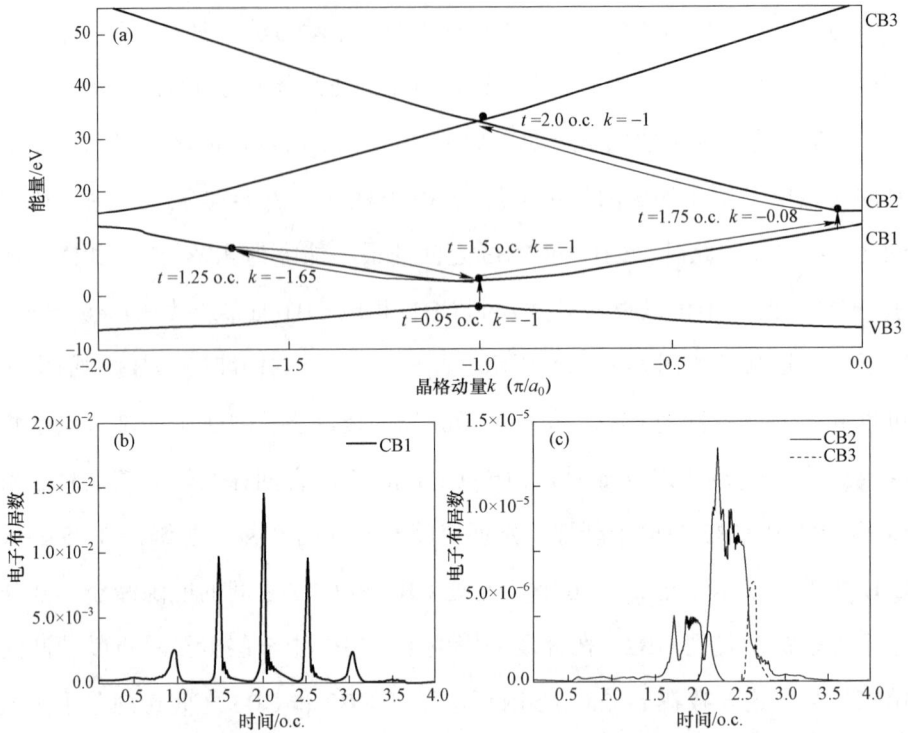

图 6-7 （a）包含一个价带（VB3）和三个导带（CB1、CB2 和 CB3）的双色周期势能带。（b）第一导带 CB1 的布居数。（c）第二导带 CB2（实线）和第三导带 CB3（虚线）的布居数

高次谐波产生在产生阿秒脉冲、研究超快电子动力学、重建能带结构等领域具有广泛的应用。必须强调的是，高谐波效率是其得以广泛应用的重要基础。在接下来的讨论中，将通过操控 CB2 和 CB3 中的电子来增强谐波辐射。结合上文关于双色周期势谐波产生过程中的电子动力学，在 2.0 o.c.附近 CB2 中存在少量电子，这一现象归因于 1.75 o.c.附近 CB1 较少的电子布居数。复合激光场已被广泛用于控制固体谐波辐射中的电子运动。为了调控电子动力学，将 UV 脉冲加入基频激光脉冲中形成复合激光场：

$$E(t) = E_1 \sin^2\left(\frac{\pi t}{4T_{4000}}\right)\cos(\omega_{4000}t) + RE_1 \sin^2\left(\frac{\pi(t - t_{\text{delay}})}{0.5T_{4000}}\right)\cos(\omega_{\text{UV}}t) \quad (6\text{-}4)$$

其中，E_1 是基频场的振幅，相应的激光强度为 6×10^{11} W/cm^2，R 用于调整 UV 脉冲的激光强度。t_{delay} 表示 UV 脉冲与基频脉冲之间的延迟时间。UV 脉冲的波长为 253nm，单个 UV 光子的能量等于 $k = -1.0$ 时 VB3 和 CB1 之间

的能隙。图 6-8（a）展示了 $R = 1.0$，$t_{delay} = 1.25$ o.c.时，基频脉冲和复合场的矢势。插图是从 1.25 o.c.到 1.75 o.c.矢势的放大图。可以发现，虽然 UV 脉冲对矢势的影响很小，但是谐波谱的结构变化很大。在图 6-8（b）中，复合场条件下的谐波效率比基频场条件下的谐波效率高两个数量级，而且实现了对谐波极小值的有效抑制。这一结果可以归因于复合激光场中 CB1、CB2 和 CB3 电子布居数的增强，如图 6-8（c）和图 6-8（d）所示。随着 UV 脉冲的加入，CB1 中的电子显著增加，特别是在 1.75 o.c.附近，导致电子激发到 CB2 和 CB3 的布居数增加。此外，与图 6-7（c）相比，在 2.0 o.c.附近，CB2 中的电子布居数几乎增强了三个数量级，CB3 的电子布居也增强了近三个数量级。因此，在特定晶格动量条件下，从 CB2 和 CB3 到 VB3 的电子跃迁将有效地抑制谐波最小值，其中 CB1 和 VB3 之间的能隙决定了紫外线辐射的频率。

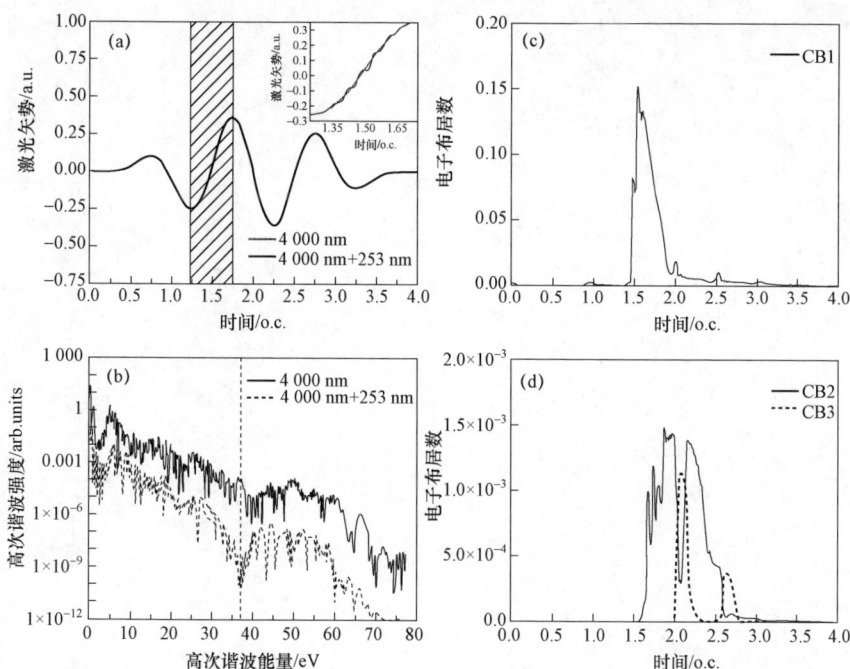

图 6-8　（a）4 000 nm 和 4 000 nm + 253 nm 条件下的矢势示意图。插图是从 1.25 o.c.至 1.75 o.c.的激光矢势放大图。（b）为（a）所示激光场中相应的谐波谱。（c）和（d）分别对应 4 000 nm + 253 nm 条件下 CB1、CB2 和 CB3 的电子布居数

6.2.4 小结

综上所述，通过求解速度规范条件下的含时薛定谔方程，研究了双色周期势谐辐射中的电子动力学。结合准经典模型，分辨了多个量子通道。在 k 空间建立电子动力学的基础上，揭示了 CB2 和 CB3 中的电子分布是产生谐波极小值的主要原因。另外，在基频激光脉冲中引入 UV 脉冲，可显著增加 CB2 和 CB3 中电子布居数，实现对谐波极小值的有效控制。本研究为双原子固体材料谐波辐射的动力学机制提供了新的见解，并为强场领域的相关实验研究奠定了理论基础。

参考文献

一、英文文献

［1］ Agostini P, Fabre F, Mainfray G, et al. Free-Free Transitions following six-photon ionization of Xenon atoms ［J］. Phys. Rev. Lett. , 1979, 42(17): 1127-1130.

［2］ Ahmadi H, Vafaee M, Maghari A. Understanding molecular harmonic emission at relatively long intense laser pulses: Beyond the Born-Oppenheimer approximation ［J］. Phys. Rev. A, 2016, 94(3): 33415.

［3］ Avanaki K N, Telnov D A, Chu S I. Above-and below-threshold high-order-harmonic generation of H_2^+ in intense elliptically polarized laser fields ［J］. Phys. Rev. A, 2014, 90(3): 33425.

［4］ Avanaki K N, Telnov D A, Jooya H Z, Chu S I. Generation of below-threshold even harmonics by a stretched H_2^+ molecular ion in intense linearly and circularly polarized laser fields ［J］. Phys. Rev. A, 2015, 92(6): 63811.

［5］ Baker S, Robinson J S, Haworth C A, et al. Probing proton dynamics in molecules on an attosecond time scale ［J］. Science, 2006, 312(5772): 424-427.

［6］ Bandrauk A D, Barmaki S, Kamta G L. Laser phase control of high-order harmonic generation at large internuclear distance: The H^+-H_2^+ system ［J］. Phys. Rev. Lett. , 2007, 98(1): 13001.

［7］ Bandrauk A D, Mauger F, Yuan K J. Circularly polarized harmonic generation by intense bicircular laser pulses: Electron recollision dynamics and frequency dependent helicity［J］. J. Phys. B: At. Mol. Opt. Phys. , 2016, 49(23): 23LT01.

［8］ Bauer D, Hansen K K. High-harmonic generation in solids with and without topological edge states［J］. Phys. Rev. Lett. , 2018, 120(17): 177401.

［9］ Ben-itzhak I, Bouhnik J P, Esry B D, et al. Mean lifetime measurements of HeH^{2+}(2ps)isotopes［J］. Phys. Rev. A, 1996, 54(1): 474-479.

［10］ Bharti A, Dixit G. Photocurrent generation in solids via linearly polarized laser［J］. Phys. Rev. B, 2024, 109(10): 104309.

［11］ Bian X B, Bandrauk A D. Multichannel molecular high-order harmonic generation from asymmetric diatomic molecules［J］. Phys. Rev. Lett. , 2010, 105(9): 93903.

［12］ Bian X B, Bandrauk A D. Nonadiabatic molecular high-order harmonic generation from polar molecules: Spectral redshift［J］. Phys. Rev. A, 2011, 83(4): 41403.

［13］ Bian X B, Bandrauk A D. Orientation dependence of nonadiabatic molecular high-order-harmonic generation from resonant polar molecules ［J］. Phys. Rev. A, 2012, 86(5): 534171-534175.

［14］ Bian X B, Bandrauk A D. Phase control of multichannel molecular high-order harmonic generation by the asymmetric diatomic molecule HeH^{2+}in two-color laser fields ［J］. Phys. Rev. A, 2011, 83(2): 23414.

［15］ Bian X B, Bandrauk A D. Probing nuclear motion by frequency modulation of molecular high-order harmonic generation ［J］. Phys. Rev. Lett. , 2014, 113(19): 193901.

［16］ Bian X B, Peng L Y, Shi T Y. Enhanced excitation and ionization of H$_2^+$by a single-and two-color intense laser pulse ［J］. Phys. Rev. A, 2008, 77(6):

63415.

［17］ Brabec T, Krausz F. Intense few-cycle laser fields: Frontiers of nonlinear optics ［J］. Rev. Mod. Phys. , 2000, 72(2): 545-591.

［18］ Bredtmann T, Chelkowski S, Bandrauk A D. Effect of nuclear motion on molecular high order harmonic pump probe spectroscopy ［J］. J. Phys. Chem. A, 2012, 116: 11398-11405.

［19］ Bredtmann T, Chelkowski S, Bandrauk A D. Monitoring attosecond dynamics of coherent electron-nuclear wave packets by molecular high-order-harmonic generation ［J］. Phys. Rev. A, 2011, 84(2): 21401.

［20］ Brown A C, Hart H W V D. Extreme-ultraviolet-initated high-order harmonic generation: Driving inner-valence electrons using below-threshold-energy extreme-ultraviolet light［J］. Phys. Rev. Lett. , 2016, 117(9): 93201.

［21］ Burnett N H, Spielmann C, Sartania S, et al. Generation of coherent X-rays in the water window using 5-femtosecond laser pulses ［J］. Science, 1997, 278(5338): 661-664.

［22］ Campos J A, Nascimento L D, Cavalcante T D, et al. Determination of electronic energy levels for the heteromolecular ions HeH^{2+}, LiH^{3+}, and BeH^{4+} from the hamilton-jacobi equation［J］. Int. J. Quantum Chem. , 2006, 106: 2587-2596.

［23］ Cao X, Jiang S C, Yu C, et al. Generation of isolated sub-10-attosecond pulses in spatially inhomogeneous two-color fields［J］. Opt. Express, 2014, 22(21): 26153-26161.

［24］ Carley R E, Heesel E, Fielding H H. Femtosecond lasers in gas phase chemistry ［J］. Chem. Soc. Rev. , 2005, 34(2): 949-969.

［25］ Carrera J J, Chu S I. Extension of high-order harmonic generation cutoff via coherent control of intense few-cycle chirped laser pulses ［J］. Phys. Rev. A, 2007, 75(3): 33807.

［26］ Chang Z H, Corkum P. Attosecond photon sources: The first decade and beyond ［J］. J. Opt. Soc. Am. B, 2010, 27(11): B9-B17.

［27］ Chao Y, Zhang X R, Jiang S C, et al. Dependence of high-order-harmonic generation on dipole moment in SiO_2 crystals ［J］. Phys. Rev. A, 2016, 94(1): 13846.

［28］ Chatziathanasiou S, Kahaly S, Skantzakis E, et al. Generation of attosecond light pulses from gas and solid state media［J］. Photonics, 2017, 4(26): 1-39.

［29］ Chelkowski S, Bandrauk A D, Staudte A, et al. Dynamic nuclear interference structures in the Coulomb explosion spectra of a hydrogen molecule in intense laser fields: Reexamination of molecular enhanced ionization ［J］. Phys. Rev. A, 2007, 76(1): 13405.

［30］ Chelkowski S, Bredtmann T, Bandrauk A D. High-harmonic generation from a coherent superposition of electronic states: Controlling interference patterns via short and long quantum orbits ［J］. Phys. Rev. A, 2013, 88(3): 33423.

［31］ Chelkowski S, Bredtmann T, Bandrauk A D. High-order-harmonic generation from coherent electron wave packets in atoms and molecules as a tool for monitoring attosecond electrons ［J］. Phys. Rev. A, 2012, 85(3): 33404.

［32］ Chen J G, Yang Y J, Chen J, et al. Probing dynamic information and spatial structure of Rydberg wave packets by harmonic spectra in a few-cycle laser pulse ［J］. Phys. Rev. A, 2015, 91(4): 43403.

［33］ Chen J X, Bian X B. Multiplateau structure caused by spectral interference in high-order harmonic generation from disordered Su-Schrieffer-Heeger chains ［J］. Phys. Rev. A, 2024, 109(3): 33104.

［34］ Chen Y J, Liu J, Hu B. Intensity dependence of intramolecular interference from a full quantum analysis of high-order harmonic generation [J]. Phys. Rev. A, 2009, 79(3): 33405.

[35] Chen Y J, Zhang B. Role of excited states in the emission times of harmonics from asymmetric molecules [J]. Phys. Rev. A, 2012, 86(2): 23415.

[36] Chen Y J, Zhang B. Tracing the structure of asymmetric molecules from high-order harmonic generation [J]. Phys. Rev. A, 2011, 84(5): 53402.

[37] Chu T S, Zhang Y, Han K L. The time-dependent quantum wave packet approach to the electronically nonadiabatic processes in chemical reactions [J]. Int. Rev. Phys. Chem. , 2006, 25(1-2): 201-235.

[38] Chu X. High-harmonic-generation spectra of HCN: A time-dependent density-functional-theory study [J]. Phys. Rev. A, 2023, 108(1): 13116.

[39] Chu X. Orientation-dependent high-order harmonic generation in HCN: Insights from time-dependent density-functional-theory calculations [J]. Phys. Rev. A, 2024, 109(5): 53103.

[40] Corkum P B, Krausz F. Attosecond physics [J]. Nat. Phys. , 2007, 3(6): 381-387.

[41] Corkum P B. Plasma perspective on strong field multiphoton ionization[J]. Phys. Rev. Lett. , 1993, 71(34): 1994-1997.

[42] Demaria A J, Stetser D A, Heynau H. Self mode-locking of laser with saturable absorbers [J]. Appl. Phys. Lett. , 1966, 8(7): 174-176.

[43] Dong F L, Xia Q Z, Liu J, et al. Caustic effects on high-order harmonic generation in graphene [J]. Phys. Rev. A, 2024, 109(4): L041102.

[44] Drescher M, Hentschel M, Kienberger R, et al. Time-resolved atomic inner-shell spectroscopy [J]. Nature, 2002, 419: 803-807.

[45] Du H N, Miao X Y. Enhancement of high-order harmonic emission and isolated 7-as pulse generation with Rydberg atoms by using a two-color

laser field〔J〕. Spectrosc. Lett. , 2012, 45(8): 609-615.

〔46〕 Du T Y, Bian X B. Quasi-classical analysis of the dynamics of the high-order harmonic generation from solids〔J〕. Opt. Express, 2017, 25(1): 151-158.

〔47〕 Du T Y, Guan Z, Zhou X X, et al. Enhanced high-order harmonic generation from periodic potentials in inhomogeneous laser fields〔J〕 Phys. Rev. A, 2016, 94(2): 23419.

〔48〕 Du T Y, Tang D, Bian X B. Subcycle interference in high-order harmonic generation from solids〔J〕. Phys. Rev. A, 2018, 98(6): 63416.

〔49〕 Du T Y. Control of high-order harmonic emission in solids via the tailored intraband current〔J〕. Phys. Rev. A, 2021, 104(6): 63110.

〔50〕 Dunn G H. Franck—condon factors for the ionization of H2 and D2〔J〕. J. Chem. Phys. , 1966, 44(7): 2592-2594.

〔51〕 Ebadi H. Interferences induced by spatially nonhomogeneous fields in high-harmonic generation〔J〕. Phys. Rev. A, 2014, 89(5): 53413.

〔52〕 Ebadian H, Mohebbi M. Extending the high-order-harmonic spectrum using surface plasmom polaritons〔J〕. Phys. Rev. A, 2017, 96(2): 23415.

〔53〕 Esry B D, Sayler A M, Wang P Q, et al. Above threshold Coulomb explosion of molecules in intense laser pulses〔J〕. Phys. Rev. Lett. , 2006, 97(1): 13003.

〔54〕 Fan J G, Li X Y, Jia F X, et al. Manipulation of quantum paths in the harmonic emission from periodic potential〔J〕. Chem. Phys. Lett. , 2022, 787: 139201.

〔55〕 Fan J G, Miao X Y, Jia X F. Control of the high-order harmonic generation by sculpting waveforms with chirp in solids〔J〕. Chem. Phys. Lett. , 2021, 762: 138136.

〔56〕 Fang Y Q, Lu S Y, Liu Y Q. Controlling photon transverse orbital angular momentum in high harmonic generation [J]. Phys. Rev. Lett. , 2021, 127(27): 273901.

[57] Feng L Q, Chu T S. Nuclear signatures on the molecular harmonic emission and the attosecond pulse generation [J]. J. Chem. Phys. , 2012, 136(5): 541021-541027.

[58] Feng L Q. Molecular harmonic extension and enhancement from H_2^+ ions in the presence of spatially inhomogeneous fields [J]. Phys. Rev. A, 2015, 92(5): 53832.

[59] Fork R L, Greene B I, Shank C V. Generation of optical pulses shorter than 0. 1 psec by colliding pulse mode locking [J]. Appl. Phys. Lett. , 1981, 38(2): 671-672.

[60] Frolov M V, Manakov N L, et al. Analytic description of the high-energy plateau in harmonic generation by atoms: Can the harmonic power increase with increasing laser wavelengths? [J]. Phys. Rev. Lett. , 2009, 102(24): 243901.

[61] Fu T T, Zhou S S, Chen J G, et al. Minimum structure of high-order harmonic sepctrum from molecular multi-orbital effects involving inner-shell orbitals [J]. Opt. Express, 2023, 31(19): 30171-30183.

[62] Gallais L, Douti D B, Commandré M, et al. Wavelength dependence of femtosecond laser-induced damage threshold of optical materials [J]. J. Appl. Phys. , 2015, 117(22): 223103.

[63] Gao F Y, He Y L, Zhang L Y, et al. Visualization of the Preacceleration Process for High-Harmonic Generation in Solids [J]. Symmetry, 2022, 14(7): 1281-1281.

[64] Ge X L, Wang T, Guo J, et al. Quantum-path control and isolated-attosecond-pulse generation using H_2^+ molecules with moving nuclei in few-cycle laser pulses [J]. Phys. Rev. A, 2014, 89(2): 23424.

［65］ Ghimire S, Dichiara A D, Sistrunk E, et al. Observation of high-order harmonic generation in a bulk crystal［J］. Nat. Phys. , 2011, 7(2): 138-141.

［66］ Ghimire S, Reis D A. High-harmonic generation from solids［J］. Nat. Phys. , 2019, 15: 10-16.

［67］ Gibson G N, Li M, Guo C, et al. Strong-field dissociation and ionization of H_2^+ using ultrashort laser pulses［J］. Phys. Rev. Lett. , 1997, 79(11): 2022-2025.

［68］ Goulielmakis E, Schultze M, Hofstetter M, et al. Single-cycle nonlinear optics［J］. Science, 2008, 320(5883): 1614-1617.

［69］ Guan Z, Zhou X X and Bian X B. High-order-harmonic generation from periodic potentials driven by few-cycle laser pulses［J］. Phys. Rev. A, 2016, 93(3): 33852.

［70］ Guo D S, Aberg T. Quantum electrodynamical approach to multiphoton ionisation in the high-intensity H field［J］. J. Phys. A: Mathematical and General, 1988, 21(24): 4577-4591.

［71］ Haessler S, Caillat J, Boutu W, et al. Attosecond imaging of molecular electronic wavepackets［J］. Nat. Phys. , 2010, 6: 200-206.

［72］ Hamilton K R, Van der hart H W, Brown A C. Pulse-shape control of two-color interference in high-order-harmonic generation［J］. Phys. Rev. A, 2017, 95(1): 134081-134086.

［73］ Han Y C, Madsen L B. Internuclear-distance dependence of the role of the excited states in high-order-harmonic generation of H_2^+［J］. Phys. Rev. A, 2013, 87(4): 43404.

［74］ Han Y C, Madsen L B. Minimum in the high-order harmonic generation spectrum from molecules: Role of excited states［J］. J. Phys. B: At. Mol. Opt. Phys. , 2010, 43(22): 225601.

［75］ Hansen K K, Madsen L B. Nonsequential double-recombination high-order-harmonic generation in molecularlike systems[J]. Phys. Rev. A, 2017, 96(2): 13401.

[76] Hansen K K, Madsen L B. Same-period emission and recombination in nonsequential double-recombination high-order-harmonic generation [J]. Phys. Rev. A, 2016, 93(5): 53427.

[77] Hansen K, Deffge T, Bauer D. High-order harmonic generation in solid slabs beyond the single-active-electron approximation [J]. Phys. Rev. A, 2015, 96(5): 53418.

[78] Hansen T, Jensen S V B, Madsen L B. Correlation effects in high-order harmonic generation from finite systems [J]. Phys. Rev. A, 2022, 105(5): 53118.

[79] He H X, Lu R F, Zhang P Y, et al. Direct multi-photon ionizations of H_2^+in intense laser fields [J]. J. Phys. B: At. Mol. Opt. Phys., 2012, 45(8): 85103.

[80] He H X, Lu R F, Zhang P Y, et al. Dissociation and ionization competing processes for H_2^+in intense laser field: Which one is larger? [J]. J. Chem. Phys., 2012, 136(2): 24311.

[81] He H X, Lu R F, Zhang P Y, et al. Theoretical investigation of the origin of the multipeak structure of kinetic-energy-release spectra from charge-resonance-enhanced ionization of H_2^+in intense laser fields [J]. Phys. Rev. A, 2011, 84(3): 33418.

[82] He L X, Li Y, Wang Z, et al. Quantum trajectories for high-order-harmonic generation from multiple rescattering events in the long-wavelength regime [J]. Phys. Rev. A, 2014, 89(5): 53417.

[83] He L X, Zhang Q B, Lan P F, et al. Monitoring ultrafast vibrational dynamics of isotopic molecules with frequency modulation of high-order harmonics [J]. Nat. commun, 2018, 9: 1108.

[84] Hentschel M, Kienberger R, Spielmann C, et al. Attosecond metrology [J].

Nature, 2001, 414(6863): 509-513.

［85］ Hernández-García C, Pérez-Hernández J A, POPMINTCHEV T, et al. Zeptosecond high harmonic keV X-Ray waveforms driven by midinfrared laser pulses ［J］. Phys. Rev. Lett. , 2013, 111(3): 33002.

［86］ Hong Z F, Zhang Q B, Lu P X. Compact dual-crystal optical parametric amplification for broadband IR pulse generation using a collinear geometry ［J］. Opt. Express, 2013, 21(8): 9491-9504.

［87］ Hu J, Wang M S, Han K L, et al. Attosecond resolution quantum dynamics between electrons and H_2^+ molecules ［J］. Phys. Rev. A, 2006, 74(6): 63417.

［88］ Huang T F, Zhu X S, Li L, et al. High-order-harmonic generation of a doped semiconductor ［J］. Phys. Rev. A, 2017, 96(4): 43425.

［89］ Huo X X, Wang S, Sun N, et al. Anomalous resonance-enhanced harmonic ellipticity in an elliptically polarized laser field ［J］. Phys. Rev. A, 2022, 106(2): 23102.

［90］ Huo X X, Xing Y H, Qi T, et al. Elliptical high-order harmonic generation from H_2^+ driven by orthogonally polarized two-color laser fields ［J］. Phys. Rev. A, 2021, 103(5): 53116.

［91］ Husakou A, Im S J, Herrmann J. Theory of plasmon-enhanced high-order harmonic generation in the vicinity of metal nanostructures in noble gases ［J］. Phys. Rev. A, 2011, 83(4): 43839.

［92］ Itatani J, Levesque J, et al. Tomographic imaging of molecular orbitals ［J］. Nature, 2004, 432: 867-871.

［93］ Itatian J, Levesque J, Zeidler D, et al. Tomographic imaging of molecular orbitals ［J］. Nature, 2004, 432: 867-871.

［94］ Jia G R, Huang X H, Bian X B. Nonadiabatic redshifts in high-order harmonic generation from solids ［J］. Opt. Express, 2017, 25(20): 23654-23662.

［95］ Jia L, Zhang Z, Yang D Z, et al. Optical high-order harmonic generation as a structural characterization tool［J］. Phys. Rev. B, 2020, 101(14): 144304.

［96］ Jin J Z, Xiao X R, Liang H, et al. High-order harmonic generation from a two-dimensional band structure ［J］. Phys. Rev. A, 2018, 97(4): 43420.

［97］ Kamta G L, Bandrauk A D. Three-dimensional time-profile analysis of high-order harmonic generation in molecules: Nuclear interferences in H_2^+ ［J］. Phys. Rev. A, 2005, 71(5): 53407.

［98］ Kawata I, Kono H, Fujimura Y C. Adiabatic and diabatic responses of H_2^+ to an intense femtosecond laser pulse: Dynamics of the electronic and nuclear wave packet ［J］. J. Chem. Phys. , 1999, 110(23): 11152-11165.

［99］ Kienberger R, Goulielmakis E, Uiberacker M, et al. Atomic transient recorder ［J］. Nature, 2004, 427: 817-821.

［100］ Kim S, Jin J, Kim Y J, et al. High-harmonic generation by resonant plasmon field enhancement ［J］. Nature, 2008, 453: 757-760.

［101］ Kim W Y, Shao T J, Kim H, et al. Spectral interference in high harmonic generation from solids ［J］. ACS Photonics, 2019, 6: 851-857.

［102］ Kohler M C, Ott C, Raith P, et al. High harmonic generation via continuum wave-packet interference［J］. Phys. Rev. Lett. , 2010, 105(20): 203902.

［103］ Krause J L, Schafer K J, Kulander K C. High-order harmonic generation from atoms and ions in the high intensity regime ［J］. Phys. Rev. Lett. , 1992, 68(24): 3535-3538.

［104］ Krausz F, Ivanov M. Attosecond physics ［J］. Rev. Mod. Phys. , 2009, 81(1): 163-234.

［105］ Kulander K C, Schafer K J, Krause J L. In supper-intense laser-atom physics ［J］. Nato advanced study institute, Series B: Physics, 1993, 316: 95.

［106］ Kulander K C, Shore B W. Calculations of multiple-harmonic conversion of 1064-nm radiation in Xe ［J］. Phys. Rev. Lett. , 1989, 62(5): 524-526.

［107］ Lan P F, Lu P X, Cao W, et al. Phase-locked high-order-harmonic and sub-100-as pulse generation from stretched molecules ［J］. Phys. Rev. A, 2006, 74(6): 63411.

［108］ Lang Y, Peng Z Y, Liu J L, et al. Proposal for high-energy cutoff extension of optical harmonics of solid materials using the example of a one-dimensional ZnO crystal ［J］. Phys. Rev. Lett. , 2022, 129(16): 167402.

［109］ Langer F, Hohenlentner M, Huttner U, et al. Symmetry-controlled temporal structure of high-harmonic carrier fields from a bulk crystal ［J］. Nat. Phys. , 2017, 11(4): 227-231.

［110］ Lanin A A, Stepanov E A, Fedotov A B, et al. Mapping the electron band structure by intraband high-harmonic generation in soids ［J］. Optica, 2017, 4(5): 516-519.

［111］ Le A T, Lucchese R R, Lin C D. Uncovering multiple orbitals infuence in high harmonic generation from aligned N2 ［J］. J. Phys. B: At. Mol. Opt. Phys. , 2009, 42(21): 211001.

［112］ Le A T, Wei H, Jin C, et al. Strong-field approximation and its extension for high-order harmonic generation with mid-infrared lasers ［J］. J. Phys. B: At. Mol. Opt. Phys. , 2016, 49(5): 53001.

［113］ Le A T, Wei H, Jin C, et al. Universality of returning electron wave packet in high-order harmonic generation with midinfrared laser pulses［J］. Phys. Rev. Lett. , 2014, 113(3): 33001.

［114］ Le C T, Phan N L, Vu D D, et al. Effect of multiple rescatterings on continuum harmonics from asymmetric molecules in multicycle lasers［J］. Phys. Chem. Chem. Phys. , 2022, 24: 6053-6063.

［115］ Lee G W, Kim I J, Park S B, et al. Alignment dependence of high harmonics contributed from HOMO and HOMO-1 orbitals of N2 molecules ［J］. J. Phys. B: At. Mol. Opt. Phys. , 2010, 43(20): 205602.

［116］ Lein M, Hay N, Velotta R, et al. Interference effects in high-order harmonic generation with molecules ［J］. Phys. Rev. A, 2002, 66(2): 23805.

［117］ Lein M, Hay N, Velotta R, et al. Role of the intramolecular phase in high-harmonic generation ［J］. Phys. Rev. Lett. , 2002, 88(18): 183903.

［118］ Lein M, Hay N, Velotta R, Marangos J P, et al. Interference effects in high-order harmonic generation with molecules ［J］. Phys. Rev. A, 2002, 66(2): 23805.

［119］ Lein M. Attosecond probing of vibrational dynamics with high-harmonic generation ［J］. Phys. Rev. Lett. , 2005, 94(5): 53004.

［120］ Lewenstein M, Balcou P, Ivanov M Y, et al. Theory of high-harmonic generation by low-frequency laser fields ［J］. Phys. Rev. A, 1994, 49(3): 2117-2132.

［121］ Li J B, Fu S L, Wang H Q, et al. Limitations of the single-active- electron approximation in quantum simulations of solids high-order harmonic generation ［J］. Phys. Rev. A, 2018, 98(4): 43409.

［122］ Li J B, Zhang X Y, Yue S J, et al. Enhancement of the second plateau in solid high-order harmonic spectra by the two-color fields ［J］. Opt. Express, 2017, 25(16): 18603-18613.

［123］ Li J, LU J, Chew A, et al. Attosecond science based on high harmronic generation from gases and solids ［J］. Nat. Commun. , 2020, 11(1): 2748.

［124］ Li L Q, Xia C L, Miao X Y. Quantum path control in the presence of a half-cycle pulse to generate isolated attosecond pulse［J］. Spectrosc. Lett. , 2016, 49(3): 231-237.

［125］Li L, Lan P F, He L X, et al. Determination of electron band structure using temporal interferometry ［J］. Phys. Rev. Lett. , 2020, 124(15): 157403.

［126］Li M Z, Jia G R, Bian X B. Alignment dependent ultrafast electron-nuclear dynamics in molecular high-order harmonic generation ［J］. J. Chem. Phys. , 2017, 146(8): 84305.

［127］Li P C, Sheu Y L, Jooya H Z, et al. Exploration of laser-driven electron-multirescattering dynamics in high-order harmonic generation ［J］. Sci. Rep. , 2016, 6: 32763.

［128］Li P C, Zhou X X, Wang G L, et al. Isolated sub-30-as pulse generation of an He^+ion by an intense few-cycle chirped laser and its high-order harmonic pulses ［J］. Phys. Rev. A, 2009, 80(5): 538251-538257.

［129］Li Q G, Hong W Y, Zhang Q B, et al. Isolated-attosecond-pulse generation from asymmetric molecules with an $\omega+2\omega/3$ multicycle two-color field ［J］. Phys. Rev. A, 2010, 81(5): 53846.

［130］Li X F, L'huillier A, Ferray M, et al. Multiple-harmonic generation in rare gases at high laser intensity ［J］. Phys. Rev. A, 1989, 39(11): 5751-5761.

［131］Li Y P, Yu S J, Li W Y, et al. Orientation dependence of harmonic emission from vibrating HeH^{2+}versus HeT^{2+}: Effects of a permanent dipole ［J］. Phys. Rev. A, 2016, 95(6): 63412.

［132］Li Y, Zhu X S, Zhang Q B, et al. Quantum-orbit analysis for yield and ellipticity of high order harmonic generation with elliptically polarized laser field ［J］. Opt. Express, 2013, 21(4): 4896.

［133］Liang L, Lan P F, Zhang X S, et al. Reciprocal-Space-Trajectory Perspective on High-Harmonic Generation in Solids ［J］. Phys. Rev. Lett. , 2019, 122(19): 193901.

［134］Liu C D, Zeng Z N, Wei P F, et al. Driving-laser wavelength dependence of high-order harmonic generation in H_2^+ molecules [J]. Phys. Rev. A, 2010, 81(3): 33426.

[135] Liu H, Li Y, You Y S, et al. High-harmonic generation from an atomically thin semiconductor [J]. Nat. Phys. , 2017, 13(3): 262-265.

[136] Liu X, Li Y J, Liu D D, et al. Effects of quantum interference among crystal-momentum-resolved electrons in solid high-order harmonic generation [J]. Phys. Rev. A, 2021, 103(3): 33104.

[137] Liu X, Zhu X S, Lan P F, et al. Time-dependent population imaging for high-order-harmonic generation in solids [J]. Phys. Rev. A, 2017, 95(6): 63419.

[138] Long J, Chen Y, Zhu X, et al. Below-and near-threshold harmonic generation from multiple orbitals [J]. J. Phys. B: At. Mol. Opt. Phys. , 2023, 56(5): 55601.

[139] Lu R F, Yu C, Wang Y H, et al. Control of electron localization to isolate and enhance molecular harmonic plateau in asymmetric HeH^{2+} system [J]. Phys. Lett. A, 2014, 378(1-2): 90-94.

[140] Lu R F, Zhang P Y, Han K L. Attosecond-resolution quantum dynamics calculations for atoms and molecules in strong laser fields [J]. Phys. Rev. E, 2008, 77(6): 66701.

[141] Luu T T, Wörner H J. High-order harmonic generation in solids: A unifying approach [J]. Phys. Rev. B, 2016, 94(11): 115164.

[142] Luu T T, Wörner H J. Measurement of the Berry curvature of solids using high-harmonic spectroscopy [J]. Nat. Commun. , 2018, 9: 916.

[143] Ma J L, Zhang C P, Cui H F, et al. Theoretical investigation of the electron dynamics in high-order harmonic generation process from the doped periodic potential [J]. Chem. Phys. Lett. , 2020, 744: 137207.

[144] Maiman T H. Simulated optical radiation in Ruby [J]. Nature, 1960, 187:

493-494.

［145］Manus C, Mainfray G. Multiphoton ionization of atoms ［J］. Rep. Prog. Phys. 1991, 5: 133-1372.

［146］Marconi M C, Martinez O E, Diondati F P. Q switching by self-focusing ［J］. Opt. Lett. , 1985, 10(8): 402-404.

［147］Mashiko H, Gilbertson S, Chini M, et al. Extreme ultraviolet supercontinua supporting pulse duration of less than one atomic unit of time ［J］. Opt. Lett. , 2009, 34(21): 3337-3339.

［148］Mauger F, Bandrauk A D, Uzer T. Circularly polarized molecular high harmonic generation using a bicircular laser ［J］. J. Phys. B: At. Mol. Opt. Phys. , 2016, 49(10): 10LT01.

［149］Mcdonald R C, Vampa G, Corkum B P, et al. Interband bloch oscillation mechanism for high-harmonic generation in semiconductor crystals ［J］. Phys. Rev. A, 2015, 92(3): 33845.

［150］Mcfarland B K, Farrell J P, Bucksbaum P H, et al. High harmonic generation from multiple orbitals in N2 ［J］. Science, 2008, 322(5905): 1232-1235.

［151］Mcpherson A, Gibson G, Jara H, et al. Studies of multiphoton production of vacuum-ultraviolet radiation in the rare gases ［J］. J. Opt. Soc. Am. B, 1987, 4(4): 595-601.

［152］Meng Q T, Yang G H, Sun H L, et al. Theoretical study of the femtosecond-resolved photoelectron spectrum of the NO molecule ［J］. Phys. Rev. A, 2003, 67(6): 63202.

［153］Miao X Y, Liu S S. Quantum path selection and isolated-attosecond- pulse generation of H_2^+ with an intense laser pulse and a static field ［J］. Chin. Phys. Lett. , 2015, 32(1): 13301.

［154］Miao X Y, Wang L, Song H S. Theoretical study of the femtosecond photoionization of the NaI molecule [J]. Phys. Rev. A, 2007, 75(4): 42512.

[155] Miao X Y, Zhang C P. Manipulation of the recombination channels and isolated attosecond pulse generation from HeH^{2+} with multicycle combined field [J]. Laser Phys. Lett. , 2014, 11(11): 115301.

[156] Miao X Y, Zhang C P. Multichannel recombination in high-order-harmonic generation from asymmetric molecular ions [J]. Phys. Rev. A, 2014, 89(3): 33410.

[157] Midorikawa K. Ultrafast dynamics imaging [J]. Nat. Photon. , 2011, 5, 640-641.

[158] Miller M R, Hernández-García C, Jaroń-Becker A, et al. Targeting multiple rescatterings through VUV-controlled high-order-harmonic generation [J]. Phys. Rev. A, 2014, 90(5): 53409.

[159] Morgner U, Kärtner F X, Cho S H, et al. Sub-two-cycle pulses from a Kerr-lens mode-locked Ti: Sapphire laser [J]. Opt. Lett. , 1999, 24(6): 411-413.

[160] Mrudul M S, Adhip P, Misha I, et al. Direct numerical observation of real-space recollision in high-order harmonic generation from solids [J]. Phys. Rev. A, 2019, 100(4): 43420.

[161] Nabashimiye G, Ghimire S, Wu M, et al. Solid-state harmonics beyond the atomic limit [J]. Nature, 2016, 534(7608): 520-523.

[162] Navarrete F, Thumm U. Two-color enhanced high-order harmonic generation in solids [J]. Phys. Rev. A, 2020, 102(6): 63123.

[163] Nguyen N T, Hoang V H, Le V H. Probing nuclear vibration using high-order harmonic generation [J]. Phys. Rev. A, 2013, 88(2): 23824.

[164] Niikura Hiromichi, Villeneuve D M, Corkum P B. Mapping attosecond electron wave packet motion [J]. Phys. Rev. Lett. , 2005, 94(8): 83003.

[165] Pan X F, Li B, Qi T, et al. Exploration of the high-order harmonic

generation from periodic potentials by Bohmian trajectories [J]. J. Phys. B: At. Mol. Opt. Phys. , 2021, 54(2): 25601.

[166] Park I Y, Kim S, ChoI J, et al. Plasmonic generation of ultrashort extreme-ultraviolet light pulses [J]. Nat. Photon. , 2011, 5: 677-681.

[167] Pattanayak A, Mrudul M S, Dixit G. Influence of vacancy defects in solid high-order harmonic generation [J]. Phys. Rev. A, 2020, 101(1): 13404.

[168] Popmintchev T, Chen M C, Popmintchev D, et al. Bright coherent ultrahigh harmonics in the kev X-ray regime from mid-infrared femtosecond lasers [J]. Science, 2012, 336(6086): 1287-1291.

[169] Protopapas M, Keitel C H, Knight P L. Atomic physics with super-high intensity lasers [J]. Rep. Prog. Phys. , 1997. 60: 389-486.

[170] Qian C. , Jiang S C, Wu T, et al. Theory of solid-state harmonic generation governed by crystal symmetry [J]. Phys. Rev. B, 2024, 109(20): 205401.

[171] Qiao Y, Huo Y Q, Jiang S C, et al. All-optical reconstruction of three-band transition dipole moments by the crystal harmonic spectrum from a two-color laser pulse [J]. Opt. Express, 2022, 30(6): 9971-9982.

[172] Schiessl K, Ishikawa K L, Persson E, et al. Quantum path interference in the wavelength dependence of high-harmonic generation [J]. Phys. Rev. Lett. , 2007, 99(25): 253903.

[173] Shaaran T, Ciappina M F, Guichard R, et al. High-order-harmonic generation by enhanced plasmonic near-fields in metal nanoparticles [J]. Phys. Rev. A, 2013, 87(4): 41402.

[174] Shaaran T, Ciappina M F, Lewenstein M. Quantum-orbit analysis of high-order-harmonic generation by resonant plasmon field enhancement [J]. Phys. Rev. A, 2012, 86(2): 23408.

[175] Shao C, Lu H T, Zhang X, et al. High-harmonic generation approaching

the quantum critical point of strongly correlated systems ［J］. Phys. Rev. Lett. , 2022, 128(4): 47401.

［176］ Shao J, Zhang C P, Jia J C, et al. Effect of carrier envelope phase on high-order harmonic generation from solid ［J］. Chin. Phys. Lett. , 2019, 36(5): 54203.

［177］ Shao T J, Zhou G J, Wen B, et al. Theoretical exploration of laser-parameter effects on the generation of an isolated attosecond pulse from two-color high-order harmonic generation ［J］. Phys. Rev. A, 2010, 82(6): 63838.

［178］ Shao T J. Laser-field-strength dependence of solid high-order harmonic generation from doped systems ［J］. Phys. Rev. A, 2023, 108(2): 23105.

［179］ Shi Y Z, Zhang B, Li W Y, et al. Probing degrees of orientation of polar molecules with harmonic emission in ultrashort laser pulses ［J］. Phys. Rev. A, 2017, 95(3): 33406.

［180］ Shiner A D, Trallero-Herrero C, Kajumba N, et al. Wavelength scaling of high harmonic generation efficiency ［J］. Phys. Rev. Lett. , 2009, 103(7): 73902.

［181］ Shore B W, Knight P L. Enhancement of high optical harmonics by excess-photon ionization［J］. J. Phys. B: At. Mol. Opt. Phys. , 1987, 20(2): 413-423.

［182］ Silva F, Bates P K, Esteban-Martin A, et al. High-average-power, carrier-envelope phase-stable, few-cycle pulses at 2. 1 μm from a collinear BiB3O6 optical parametric amplifier ［J］. Opt. Lett. , 2012, 37(5): 933-935.

［183］ Sivis M, Duwe M, Abel B, et al. Nanostructure-enhanced atomic line emission ［J］. Nature, 2012, 485: E1-E3.

［184］ Strelkov V V, Khokhlova M A, Gonoskov A A, et al. High-order harmonic generation by atoms in an elliptically polarized laser field: Harmonic polarization properties and laser threshold ellipticity [J]. Phys. Rev. A, 2012, 86(1): 13404.

[185] Strickland D, Mourou G. Compression of amplified chirped optical pulses [J]. Opt. Commun. , 1985, 55(6): 447-449.

[186] Su Z, Liang H J, Wang Y C, et al. Channel coupling dynamics of deep-lying orbitals in molecular high-harmonic generation [J]. Phys. Rev. Lett. , 2022, 128(18): 183202.

[187] Sun F J, Chen C, Li W Y, et al. High ellipticity of harmonics from molecules in strong laser fields of small ellipticity [J]. Phys. Rev. A, 2021, 103(5): 53108.

[188] Sun N, Zhu X S, Li L, et al. Cutoff extension of high harmonics via resonant electron injection channels [J]. Phys. Rev. A, 2021, 103(5): 53111.

[189] Suebmann F, Kling M F. Attosecond measurement of petahertz plamonic near-fields [J]. Proc. SPIE, 2011, 8096: 80961C-80968C.

[190] Takuya H, Mark I S, Peter H. Strong-field perspective on high-harmonic radiation from bulk solids [J]. Phys. Rev. Lett. , 2014, 113(21): 213901.

[191] Tate J, Auguste T, Muller H G, et al. Scaling of wave-packet dynamics in an intense midinfrared field [J]. Phys. Rev. Lett. , 2007, 98(1): 13901.

[192] Telnov D A, Chu S I. Ab initio study of the orientation effects in multiphoton ionization and high-order harmonic generation from the ground and excited electronic states of H_2^+ [J]. Phys. Rev. A, 2007, 76(4): 43412.

[193] Telnov D A, Heslar J, Chu S I. High-order-harmonic generation of vibrating H_2^+ and D_2^+ [J]. Phys. Rev. A, 2017, 95(4): 43425.

[194] Tikman Y, Yavuz I, Ciappina M F, et al. High-order-harmonic generation

from Rydberg atoms driven by plasmon-enhanced laser fields [J]. Phys. Rev. A, 2016, 93(2): 23410.

[195] Trung T L, Jakob H W. Measurement of the Berry curvature of solid using high-harmonic spectroscopy [J]. Nat. Commun. , 2018, 9(1): 916.

[196] Trung T L, Jakob H W. Observing broken inversion symmetry in solids using two-color high-order harmonic spectroscopy [J]. Phys. Rev. A, 2018, 98(4): 43409.

[197] Vampa G, Brabec T. Merge of high harmonic generation from gases and solids and its implications for attosecond Science [J]. J. Phys. B: At. Mol. Opt. Phys. , 2017, 50(8): 83001.

[198] Vampa G, Hammond J T, Thiré N, et al. All-optical reconstruction of crystal band structure [J]. Phys. Rev. Lett. , 2015, 115(19): 193606.

[199] Vartanyants I A, Pitney J A, Libbert J L, et al. Reconstruction of surface morphology from coherent x-ray reflectivity [J]. Phys. Rev. B, 1997, 55(19): 13193-13202.

[200] Vozzi C, Negro M, Calegari F, et al. Generalized molecular orbital tomography [J]. Nat. Phys. , 2011, 7(10): 822-826.

[201] Wang F, He L X, Chen J W, et al. Plasmon-shaped polarization gating for high-order-harmonic generation [J]. Phys. Rev. A, 2017, 96(6): 63418.

[202] Wang G, Chen Y X, Li M. J, et al. High-order harmonic spectroscopy for probing intraband and interband dynamics [J]. Phys. Rev. A, 2024, 109(6): 63511.

[203] Wang X Q, Xu Y, Huang X H, et al. Interference between inter-and intraband currents in high-order harmonic generatin in solids [J]. Phys. Rev. A, 2018, 98(2): 23427.

[204] Wang Y, Liu Y, Wu C Y. Generation, manipulation and application of high-order harmonics in solids [J]. Acta Phys. Sin. , 2022, 71(23): 234205.

［205］Wang Z, Lan P F, Luo J H, et al. Control of electron dynamics with a multicycle two-color spatially inhomogeneous field for efficient single-attosecond-pulse generation ［J］. Phys. Rev. A, 2013, 88(6): 63838.

［206］Weber A, Böning B, Minneker B, et al. Generation of elliptically polarized high-order harmonic radiation with bi-elliptical two-color laser beams ［J］. Phys. Rev. A, 2021, 104(6): 63118.

［207］Winterfeldt C, Spielmann C, Gerber G. Colloquium: Optimal control of high-harmonic generation ［J］. Rev. Mod. Phys. , 2008, 80(1): 117-140.

［208］Wörner H J, Bertrand J B, Kartashov D V, et al. Following a chemical reaction using high-harmonic interferometry ［J］. Nature, 2010, 466: 604-607.

［209］Wu M X, Danna A B, Schafer J K, et al. Multilevel perspective on high-order harmonic generation in solids ［J］. Phys. Rev. A, 2016, 94(6): 63403.

［210］Wu M X, Ghimire S, Reis D A, et al. High-harmonic generation from Bloch electrons in solids ［J］. Phys. Rev. A, 2015, 91(4): 43839.

［211］Xia C L, Miao X Y. Broadband-isolated attosecond pulse generation by two-color elliptically polarized laser pulses ［J］. Spectrosc. Lett. , 2015, 48(8): 605-609.

［212］Xing Y H, Zhang J, Huo X X, et al. Generation of a near-circularly-polarized pulse from a ring-current state of a Ne atom in an orthogonally polarized two-color laser field ［J］. Phys. Rev. A, 2024, 109(1): 13111.

［213］Yang H, Liu P, Li R X, et al. Ellipticity dependence of the near-threshold harmonics of H2 in an elliptical strong laser fields［J］. Opt. Express, 2013, 21(23): 28676.

［214］Yang Y N, Chen S Q, Zhang Z H, et al. Harmonic suppression induced by three-electron dynamics ［J］. Phys. Rev. Lett. , 2023, 131(18): 183201.

［215］ Yanovsky V, Chvykov V, Kalinchenko G, et al. Ultra-high intensity-300-TW laser at 0. 1 Hz repetition rate ［J］. Opt. Express, 2008, 16(3): 2109-2114.

［216］ Yavuz I, Bleda E A, Altun Z, et al. Generation of a broadband xuv continuum in high-order-harmonic generation by spatially inhomogeneous fields ［J］. Phys. Rev. A, 2012, 85(1): 13416.

［217］ Yavuz I, Tikman Y, Altun Z. High-order-harmonic generation from H_2^+molecular ions near plasmon-enhanced laser fields ［J］. Phys. Rev. A, 2015, 92(2): 23413.

［218］ Yu C, Hansen K K, Madsen L B. Enhanced high-order harmonic generation in donor-doped band-gap materials ［J］. Phys. Rev. A, 2019, 99(1): 13435.

［219］ Yu C, Hansen K K, Madsen L B. Enhanced high-order harmonic in donor-doped band-gap materials ［J］. Phys. Rev. A, 2019, 99(1): 13435.

［220］ Yu C, He H X, Wang Y H, et al. Intense attosecond pulse generated from a molecular harmonic plateau of H_2^+in mid-infrared laser fields［J］. J. Phys. B: At. Mol. Opt. Phys. , 2014, 47(5): 55601.

［221］ Yu C, Iravani H, Madsen L B. Crystal-momentum-resolved contributions to multiple plateaus of high-order harmonic generation from band-gap materials ［J］. Phys. Rev. A, 2020, 102(3): 33105.

［222］ Yu C, Jiang S C, Wu T, et al. Two-dimensional imaging of energy bands from crystal orientation dependent higher-order harmonic spectra in h-BN ［J］. Phys. Rev. B, 2018, 98(8): 85439.

［223］ Yu C, Wang Y H, Cao X, et al. Isolated few-attosecond emission in a multi-cycle asymmetrically nonhomogeneous two-color laser field ［J］. J. Phys. B: At. Mol. Opt. Phys. , 2014, 47(22): 225602.

［224］ Yu C, Zhang X R, Jiang S C, et al. Dependence of high-order-harmonic generation on dipole moment in SiO_2 crystals ［J］. Phys. Rev. A, 2016, 94(1): 13846.

［225］Yuan K J, Bandrauk A D. Circularly polarized molecular high-order harmonic generation in H_2^+ with intense laser pulses and static fields ［J］. Phys. Rev. A, 2011, 83(6): 63422.

［226］Yuan K J, Bandrauk A D. Generation of circularly polarized attosecond pulses by intense ultrashort pulses from extended asymmetric molecular ions ［J］. Phys. Rev. A, 2011, 84(2): 23410.

［227］Yuan K J, Bandrauk A D. Monitoring coherent electron wave packet excitation dynamics by two-color attosecond laser pulses ［J］. J. Chem. Phys. , 2016, 145(19): 19430.

［228］Zagoya C, Bonner M, Chomet H, et al. Different time scales in plasmonically enhanced high-order-harmonic generation［J］Phys. Rev. A, 2016, 93(5): 53419.

［229］Zewail A H. Femtochemistry: Atomic-scale dynamics of the chemical bond ［J］. J. Phys. Chem. A, 2000, 104(24): 5660-5694.

［230］Zhai C Y, Shao R Z, Lan P F, et al. Ellipticity control of high-order harmonic generation with nearly orthogonal two-color laser fields ［J］. Phys. Rev. A, 2020, 101(5): 53407.

［231］Zhai Z, Chen J, Yan Z C, et al. Direct probing of electronic density distribution of a Rydberg state by high-order harmonic generation in a few-cycle laser pulse ［J］. Phys. Rev. A, 2010, 82(4): 43422.

［232］Zhang C P, Ma Z H, Chen Y Z, et al. Electron transition dynamics in high-order harmonic generation process from H_2^+ ［J］. Mod. Phys. Lett. B, 2023, 37(21): 2350047.

［233］Zhang C P, Miao X Y. Decoding the electron dynamics in high-order harmonic generation from asymmetric molecular ions in elliptically polarized laser fields ［J］. Chin. Phys. B, 2022, 31(4): 43301.

［234］ Zhang C P, Miao X Y. Effects of the chirped pulse on dissociation and ionization processes for hydrogen molecular ions at low vibrational states ［J］. Spectrosc. Lett. , 2014, 47(4): 267-280.

［235］ Zhang C P, Miao X Y. Investigation of electron localization in harmonic emission from asymmetric molecular ion ［J］. Chin. Phys. B, 2015, 24(4): 43302.

［236］ Zhang C P, Miao X Y. Modifying the electron dynamics in high-order harmonic generation via a two-color laser field ［J］. Chin. Phys. Lett. , 2023, 40(12): 124201.

［237］ Zhang C P, Pei Y N, Xia C L, et al. Theoretical research on multiple rescatterings in the process of high-order harmonic generation from a helium atom with a long wavelength ［J］. Laser Phys. Lett. , 2017, 14(1): 15301.

［238］ Zhang C P, Xia C L, Miao X Y. The effect of the nuclear motion on harmonic spectral structure ［J］. Mod. Phys. Lett. B, 2019, 33(17): 1950186.

［239］ Zhang C P, Xia C L, Jia X F, et al. Effect of multiple rescattering processes on harmonic emission in spatially inhomogeneous field ［J］. Chin. Phys. B, 2018, 27(3): 34206.

［240］ Zhang C P, Xia C L, Jia X F, et al. Multiple rescattering processes in high-order harmonic generation from molecular system ［J］. Opt. Express, 2016, 24(18): 20297-20308.

［241］ Zhang C P, Xia C L, Jia X F, Miao X Y. Monitoring the electron dynamics of the excited state via higher-order spectral minimum ［J］. Sci. Rep. , 2017, 7: 10359.

［242］ Zhang C P, Xia C L, Miao X Y. High-order harmonic generation from molecular ions in the coherent electronic states[J]. Europhys. Lett. , 2019, 126(2): 23001.

[243] Zhang J, Ge X L, Wang T, et al. Spatial distribution on high-order-harmonic generation of an H_2^+molecule in intense laser fields [J]. Phys. Rev. A, 2015, 92(1): 13418.

[244] Zhang J, Pan X F, Xia C L, et al. Asymmetric spatial distribution in the high-order harmonic generation of a H_2^+molecule controlled by the combination of a mid-infrared laser pulse and a terahertz field [J]. Laser Phys. Lett. , 2016, 13(7): 75302.

[245] Zhang J, Pan X F, Xu T T, et al. The shift of harmonics with different initial vibrational states in the H_2^+molecular ion [J]. Laser Phys. Lett. , 2017, 14(5): 55302.

[246] Zhang Q B, Takahashi E J, Mücke O D, et al. Dual-chirped optical parametric amplification for generating few hundred mJ infrared pulses [J]. Opt. Express, 2011, 19(8): 7190-7212.

[247] Zhang R, Wang F, Yuan H, et al. Effect of molecular alignment and orientation on elliptically polarized high-order harmonic generation [J]. Phys. Rev. A, 2024, 109(4): 43118.

[248] Zhao Y T, Xu X Q, Jiang S C, et al. Cooper minimum of high-order-harmonic spectra from an MgO crystal in an ultrashort laser pulse [J]. Phys. Rev. A, 2020, 101(3): 33413.

[249] Zhou X S, Liu X, Li Y, et al. Molecular high-order-harmonic generation due to the recollision mechanism by a circularly polarized laser pulse [J]. Phys. Rev. A, 2015, 91(4): 43418.

[250] Zuo T, Bandrauk A D. Charge-resonance-enhanced ionization of diatomic molecular ions by intense lasers [J]. Phys. Rev. A, 1995, 52(4): R2511-R2514.

164

二、中文文献

［1］曾志男，李儒新. 阿秒激光技术［M］. 北京：国防工业出版社，2016，146.

［2］杜桃园. 超快激光驱动固体高次谐波的机制研究［D］. 北京：中国科学院大学，2018，37.

［3］夏昌龙. 强激光脉冲作用下高次谐波超连续谱发射及孤立阿秒脉冲的产生［D］. 长春：吉林大学，2013，30.

［4］徐克尊. 高等原子分子物理学［M］. 北京：科学出版社，2006，150-153.

［5］张彩萍. 强场中分子体系高次谐波及核波包动力学的理论研究［D］. 临汾：山西师范大学，2015.

［6］张刚台. 强场作用下氢离子高次谐波发射及孤立阿秒的产生［D］. 长春：吉林大学，2011：25-27.